认知计算攻略

使用 Cognitive Services 和 TensorFlow

[巴基] 阿德南·马苏德(Adnan Masood)
阿德南·拉希米(Adnan Hashmi)　　著

蒲　成　　　　　　　　　　　　译

清华大学出版社

北　京

北京市版权局著作权合同登记号　图字：01-2020-1526

Cognitive Computing Recipes: Artificial Intelligence Solutions Using Microsoft Cognitive Services and TensorFlow
Adnan Masood, Adnan Hashmi
EISBN：978-1-4842-4105-9

图书在版编目(CIP)数据

认知计算攻略：使用 Cognitive Services 和 TensorFlow / (巴基)阿德南·马苏德，(巴基)阿德南·拉希米著；蒲成 译. —北京：清华大学出版社，2020.7
书名原文：Cognitive Computing Recipes: Artificial Intelligence Solutions Using Microsoft Cognitive Services and TensorFlow
ISBN 978-7-302-55435-6

Ⅰ. ①认… Ⅱ. ①阿… ②阿… ③蒲… Ⅲ. ①人工智能－算法－研究 Ⅳ. ①TP18

中国版本图书馆 CIP 数据核字(2020)第 082018 号

责任编辑：王　军
装帧设计：孔祥峰
责任校对：成凤进
责任印制：杨　艳

出版发行：清华大学出版社
　　　　网　　　址：http://www.tup.com.cn，http://www.wqbook.com
　　　　地　　　址：北京清华大学学研大厦 A 座　　　　邮　　编：100084
　　　　社 总 机：010-62770175　　　　　　　　　　邮　　购：010-62786544
　　　　投稿与读者服务：010-62776969，c-service@tup.tsinghua.edu.cn
　　　　质 量 反 馈：010-62772015，zhiliang@tup.tsinghua.edu.cn
印 装 者：三河市吉祥印务有限公司
经　　销：全国新华书店
开　　本：170mm×240mm　　　　印　　张：21.5　　　　字　　数：463 千字
版　　次：2020 年 8 月第 1 版　　　　印　　次：2020 年 8 月第 1 次印刷
定　　价：98.00 元

产品编号：084811-01

对本书的赞誉

"解锁数字化未来的关键就是使用一种全新的、AI 优先的思维模式来处理相同的问题。一些行业的现状目前已经被打破，并且行业领导者正在寻求将 AI 纳入企业中的实用方法，Masood 为读者呈现了将 AI 投入生产应用的战术方法，以及将一项曾经似乎遥不可及的技术民主化的重要性。"

——Rajiv Ronaki
Anthem 公司的数字化和 AI 转换的主导者
Anthem 公司的 SVP 和首席数字官

近年来，人工智能(Artificial Intelligence，AI)、机器学习(Machine Learning，ML)，正在对我们的行业与文化产生越来越大的影响。本书全面讲解了基于两个主流平台(Microsoft Cognitive Services 和 Google TensorFlow)的 AI 解决方案，提供了基于认知服务 API、机器学习平台以及伴随的开源库和工具的适时开发指南。此外，本书还使用了计算机视觉、文本分析、语音和机器人流程自动化领域的许多用例来帮助探究学习算法。对于希望将 AI/ML 构建到真实业务应用中的工程师、学者、爱好者以及企业架构师而言，这是一本能够满足大家需求的书。

——Wei Li 博士
美国诺瓦东南大学工程与计算机科学学院教授

"机器学习、AI 和数据科学正通过诸如自然语言处理、计算机视觉、机器人和数据分析的技术打破每一个行业的常规局面。本书能让企业高管和从业人员理解其应用程序以及这些技术对业务的影响。"

——S. J. Eglash 博士
大学研究管理员

在 AI 还不能达到人类的平均智能水平之前，都会需要人类让 AI 变得更加智能。如今，这样的角色往往都由数据科学家来担任，但是目前数据科学家的数量还远远不够，并且可以预见，这一局面短期内是得不到改善的。至关重要的一点是，开发人员要系统地学习集成和开发 AI 解决方案的技能。每一个现代开发人员都应该了解认知计算攻略以便成为务实的 AI 开发人员。

——Zoiner Tajeda

Soliance 公司 CEO

Microsoft 地区总裁

从数字化助理(Cortana、Siri 等)到自动驾驶汽车以及网络安全智能防御领域，AI 已经无处不在了。实际上我们仅仅是触及了其皮毛而已。大多数企业的 AI 应用都开始通过机器学习和深度学习利用 AI 的能力来驱动真正的数字化转变。Adnan Masood 博士和 Adnan Hashmi 编著了这本非常棒的书，以便通过开拓视野的方式来帮助大家理解关键的用例(包括行业场景)，并且以适于消化吸收且易于理解的方式来学习 Microsoft Cognitive Services 和 TensorFlow 的使用。

——Hammad Rajjoub

Microsoft 365 Security - Global Black Belt Company 总监

Microsoft Corporation

我们正处于 AI 拥有巨大潜力并且将渗透到生活方方面面的时代。不过，目前存在着 AI 专业技术掌握在少数人手中的风险，比如一些精英大学或者强大的高科技公司。但是实际上，我们需要的是各行各业的人都能够从许多不同角度接触到 AI。本书通过各个实践示例揭开 AI 的神秘面纱，它对于让所有人都能更容易触及 AI 而言，是一场极有价值的及时雨。

——Abigail See

斯坦福大学博士生

推 荐 者 序

如果你从西雅图驾车往东行，要不了多久就会看到风力发电机组。这些巨大的机器遍布在连绵起伏的丘陵和平原上，从刮过其间从不间断的风中生产电力。其中每一台风机都会生成海量的数据。这些数据被用于强化机器学习模型，这些模型能让风机和风力电场更高效、更安全并且更少中断地运转。随着新版本模型的部署，将产生一组新数据，这些数据可用于评估和理解模型的表现情况，从而反过来促成开发更好的模型用于部署。数百年来，风车一直是人们利用风能的工具，如今，利用风能的工具每一天都在变得更高效、更安全，且更易于管理，因为我们有了机器学习。

最近，技术领域由于与机器学习有关的能力、承诺和关注点而闹得沸沸扬扬。机器学习的历史与计算机科学深度交织在一起，的确，许多早期的计算机应用程序都是为了模拟人类的思考过程。比如回归、分类和聚类这样的技术在过去数十年中一直是数据分析师和科学家所使用的工具，它们用于解决与预测、客户细分、客户流失分析、异常检测等有关的问题。互联网就是构建在机器学习之上的，像 Bing 和 Google 这样的搜索引擎已经开辟出新的方法来分析海量文本和媒体数据，对其进行索引，以及理解搜索查询背后的上下文和意图，以便将用户和与其最相关的结果匹配起来。自然有人会问，"这有什么大不了的，为什么现在要这样做？"首先，思考一下这一处理会对应用程序、数据和设备带来的影响。

软件将变得更加个性化、更具交互性，并且由机器学习来驱动。简而言之，所有形态和大小的应用都将从能够理解周遭环境，以及能够理解和预期到用户需求中受益。我所喜爱的 PowerPoint 的一个新特性就是列表分析，如果发现日期，则会建议将该列表转换成一个时间轴视图。这是非常简单的一项处理，但会为我们节省构建每一个演示、每一张幻灯片的时间。这个例子指明了每一个开发人员都将能够转换其应用程序的方向，以便让其用户的工作变得更高效。

机器学习离不开数据。无论是大批量数据还是流式数据，模型都是通过数据来训练、评估和改进的。机器学习让我们可以从所有形式和大小的数据中提取出很多有价值的信息。机器学习甚至可以用于充实数据。思考一下我们最近所编写的用于处理用户输入的代码。这些代码不过是在处理数值或者较短的字符串值而已。现代编程语言在处理这些数据类型时非常强大且高效。将这些类型延伸一下，比如图片、视频、音频或者大量文本。有哪些数据类型适用于对这些数据进行推导，而不仅仅是使用它们？机器学习使数据类型得以扩充，它让我们可以处理更多不同的数据，并且可以将这些数据转换成能够在代码中进行推导的内容。诸如 Microsoft Cognitive Services 的 Cognitive API 让我们可以轻易地将一张图片分解成各个组成部分。是否希望知道图片中有什么，其中有多少个人，他们是否开心？只需要使用一个简单的 HTTP 方法就可以达到目的。该方法的输出可以轻易地被整合到我们的程序中以便进行决策，比如根据房间中的人员数量自动调节温度。

　　设备正变得越来越智能，并且在许多情况下，正变得越来越具有连接性。基于从这些设备中观测到的数据所构建的机器学习模型，使得我们可以更好地理解设备及其周边环境。这使得我们可以构建更高效的设备，也会影响未来的设计，不过更为重要的是，这些模型可以用于预测故障或识别异常。来自这些设备的"数字化输出"是非常有价值的，不仅可以用于训练新模型，还可以提供一种机制来评估当前所部署模型的影响和输出。这一输出信息流对于创建模型开发、改进以及结果优化的良性循环而言是至关重要的。

　　关于这一点，其中一个最鼓舞人心的示例就是 Microsoft 的 AI for Earth 计划，该计划旨在向利用 AI 来推动可持续发展的组织提供资金帮助。我有幸与一些受助者进行过交流，他们正在转变我们消耗、保护和管理自然资源的方式，这些事情让我们注意到了作为行善力量的软件的能力。每一个行业都在经历这一转变过程，而这正是机器学习所驱动的。

　　"为什么现在要这样做"的另一个关键方面就是云。云端的大量且强劲的计算资源的出现，以及 GPU 领域的硬件和软件创新已经促成大规模的创新，其中大部分创新都出现在深度学习领域。深度学习背后的基本原理并不是全新的，神经网络模拟大脑神经元机能的建模源自 20 世纪中期。目前这最新一波创新浪潮的开启离不开三个方面的内容：算法的发展、计算处理能力以及数据。云提供了这三方面的支持，这使得人工智能领域的创新入门变得更加容易、更加快速且成本更加低廉，并且可以根据需要发展壮大。

　　而这一切的基础就是同时理解可用的技术和工具。机器学习所涉及的内容不仅是简单地学习一个新库，或一门新的编程语言。它涉及理解工具和技术，以及针对数据持续应用和优化开发过程。踏上这条道路的第一步就是深入研究并且立即开始学习。恭喜选购了本书并且阅读本书的读者。现在是成为一名开发者的无与伦比的好时机，因为云端的创新步伐和规模能够提升机器学习的开发效率。每一家主流云厂商都在对数据、机器学习和 AI 技术进行大力投入，利用这些资源正当其时。在本书中，作者会带着读者体验这一旅程，从利用认知 API 到开发面向对话的应用程序，一直到最后构建出自定义的机器学习模型，同时本书将让读者了解最流行的框架。希望读者都能尽快构建出自己的应用。

Matt Winkler

Group Engineering Manager—Microsoft Azure

华盛顿，伍丁维尔

序

　　围绕颠覆性新技术的夸张宣传总是会经历从抱有过高期望的高峰跌落到幻想破灭的低谷这一过程，直到该新技术大步发展到可投入生产应用的平稳期。这一过程通常会事与愿违，AI 和机器学习也逃不过这一规律。为何其名称叫深度学习而不是反向传播的原因仍无定论，不过这有些跑题了。可以肯定地说，正是无处不在的基于机器学习的应用在驱动着如今的商业和创新。当我们清楚地知道 AI 能够为我们的业务带来什么好处时，具体的使用场景就不再会由于缺乏远见而受到限制，相反会变得非常清晰。这一形象的信心提升需要具有面向未来的发展心态和思维领导力。相信很快各企业高管就会开始密切关注为何要使用 AI，并且随后会关心如何以及何时开始使用 AI！

　　《认知计算攻略　使用 Cognitive Services 和 TensorFlow》的编写目的就是为了与你探讨 AI 的可行性。本书并不完美；不过，它的目的旨在为大家提供工具并且让大家理解目前 AI 发展的情况。使用 AI 和机器学习的智能相关技术有助于企业实现更加丰富的搜索体验；在何处以及如何使用这些技术来实现真正的生产收益，这需要领域专家将企业用例与算法和模型连接起来。AI 数据见解和发现正在将客户服务转变为一门科学，而之前这仅是一门技术而已。我期盼大家探究各个领域与众不同的用例，比如无偏向产品推荐引擎，使用自然语言注解检测可能的掠夺策略，合同分析以便强化和加速搜索过程，使用计算机视觉进行库存监控和分析，以及可以基于各种企业语料库来理解、概括和回答问题的数字化助理。我们能想到的一切都可以借助 AI 的能力。

　　企业级 AI 搜索正在帮助企业穿过不确定性的迷雾，帮助企业进行产品开发，以及通过智能化的过程压缩来提出真实的业务价值。

　　让我们开始踏上学术梯度降级的 AI 优先的旅程。

Adnan Masood 博士

AI & 机器学习首席架构师、Microsoft MVP(人工智能)、

斯坦福大学计算机工程系访问学者

致　谢

　　撰写本书耗费了大量的时间，许多人为此做出了直接和间接的贡献。首先，我们想要感谢本书的编辑和技术审稿人，他们为了让我们所写的内容更合理付出了不懈努力——这确实是一项艰巨的任务。

　　我们想要向 Microsoft Azure AI 和 Cognitive Services 团队表达由衷的感激之情，没有他们，本书不可能问世。尤其要感谢 cloud+AI 平台的机器学习产品组项目经理 Matt Winkler；DX 认知服务的 Noelle LaCharite；首席工程师 Jennifer Marsman；AI 原型与创新和 AI 负责人 Wee Hyong；Microsoft 人工智能与研究首席副总裁 Lili Cheng；CNTK 的 Frank Seide；首席数据科学家主管 Danielle Dean；AI 业务首席副总裁 Steve "Guggs" Guggenheimer；以及 Joseph Sirosh，他是 AI 业务的首席副总裁和首席技术官，我们要感谢他的远见卓识和领导力；还要感谢 Cognitive Services 团队所有的无名英雄，是他们让这一令人惊讶的 API 成为现实。你们真的很棒！

　　我们还想感谢 Microsoft AI MVP 社区，其中包括 Microsoft 的 Daniel Egan，他组织并且促成了许多很有意义的对话；感谢 Soliance 的 Zoiner Tejada，他是整个 Azure 和 AI 的超级英雄，并且是 Microsoft 地区总裁；感谢 Joe Darko，我们的社区项目经理，感谢他投入了充沛的精力并且给予了我们帮助和支持。感谢斯坦福 NLP 小组的未来 AI 领导者，Siva Reddy、Danqi Chen 和 Abi See，感谢他们耐心倾听我不断谈论的自然语言问题。

　　AI 是一个快速发展的领域，接下来要提及的权威人物都贡献了卓越的思想领导力。感谢深度学习和机器学习的智囊团，Yoshua Bengio、Geoffrey Hinton、Andrej Karpathy、Fei Fei Li、Ian Goodfellow、Andew Ng、Yann LeCun 和 Chris Manning，他们让这一领域取得了卓越的进展。还要感谢 Microsoft 的 James McCaffrey，他贡献了关于 AI 的精彩绝伦的 MSDN 专栏，还有 Aurélien Geron、François Chollet、Brandon Rohrer 和 Joel Grus，他们提供了非常全面的参考资料。这里想必会漏掉一些需要感谢的人，不过就像一个好的 LSTM(Long Short Term Memory，长短期记忆)模型一样，我们每个人在前行时都无须记住每个细节。

作 者 简 介

Adnan Masood 博士是一位人工智能和机器学习的研究者、斯坦福大学 AI 实验室的访问学者、软件工程师以及人工智能领域的 Microsoft MVP(Most Valuable Professional，最有价值专家)。作为 UST Global AI 和机器学习的首席架构师，他与斯坦福人工智能实验室和 MIT CSAIL 协作，带领一个数据科学家和工程师团队致力于构建人工智能解决方案，以便获得影响一系列业务、产品和倡议计划的业务价值和见解。

在其职业生涯中，Masood 博士是财富 500 强企业到创业公司的管理层的值得信赖的顾问。Adnan 是 Amazon 编程语言领域畅销书 *Functional Programming with F#* 的作者，他在美国帕克大学讲授数据科学，并且曾在 UCSD 讲授 Windows WCF 课程。他是各种学术和技术会议、代码训练营以及用户小组的国际演讲者。

Adnan Hashmi 在技术领域拥有 20 年经验，他与医疗健康、金融、建筑和咨询行业的许多客户合作过。他目前在 Microsoft 从事数据和 AI 领域的工作，为金融服务业的客户提供支持。他拥有巴基斯坦卡拉奇市沙希德佐勒菲卡尔·阿里·布托科技研究所(Shaheed Zulfikar Ali Bhutto Institute of Science & Technology，SZABIST)的软件工程硕士学位，并且对于机器学习、音乐和教育充满了热情。

前　　言

　　当我们首次开始着手编写一本关于 AI 和认知计算的书籍时，我们意识到我们的准备时间很短但是编写本书的过程却很漫长，部分原因是，相关技术和平台正以非常快的速度在演进——其变化是如此之快，以至于在本书正式出版之前我们都必须对某些章节和截图进行更新。当《认知计算攻略　使用 Cognitive Services 和 TensorFlow》到达你手中时，必然会有许多技术变化出现，从而导致本书的一些内容和/或截图需要更新。不过，本书的目的并不在于简单地介绍特定平台或技术的知识。在与许多企业客户进行关于构建企业 AI 解决方案的交流过程中，客户往往会急于提出一个问题："我们要如何开始构建？"这就是我们打算(并且期望)通过本书来回答的问题。

　　由于组织和企业正经历使用 AI 的技术转移，因此可以说，所有组织都是技术型公司，尤其可以说是 AI 技术型公司。不过，任何涉及构建 AI 能力的企业都不应背离其最初的目的，也就是向其客户提供最好的产品和服务。这也正是 AI 解决方案的开发应该重点关注快速开发和快速发布周期的原因，而达成此目的的最佳方法就是使用能够提供快速配置、数据获取、模型训练、测试与部署的工具、技术和平台。这就是本书将发挥作用的地方。我们希望为你提供一种避免陡峭学习曲线的方法，转而让你通过开发可以在企业中实现的真实解决方案来学习 AI。也就是说，本书并不打算充当在一个组织中构建和部署 AI 解决方案的说明指南。本书的目标在于使用一种从提出问题到给出解决方案的方式来揭示 AI 能力。一旦你可通过理解一个方案从而将所有的知识点都串起来，你就可以快速地将这些知识应用到自己组织内的使用场景和问题当中。

　　如果你刚刚开始学习 AI 却困惑于所有的技术术语、数学概念以及平台探讨，那么本书将会给予帮助。即使你之前有过机器学习和 AI 的经验并且希望将那些知识应用到常见的业务使用场景中，本书也可以充当绝佳的资源。

　　除了第 1 章和第 8 章以外，本书的其余几章都会遵循从提出问题到给出解决方案的内容形式，即首先表述问题，然后提供一个解决方案，最后讲解该解决方案如何发挥作用以及/或者开发该解决方案所需的一系列步骤。第 2~7 章的每一章都会处理 AI 解决方案的一个不同方面或类别，最终汇聚成第 8 章中关于实际 AI 用例和解决方案的探讨。这里提供了每一章的简单介绍：

第 1 章提供了 AI 框架以及 Microsoft 在使用认知服务实现 AI 民主化方面所做努力的概览。

第 2 章深入讲解了可以通过对话式用户接口来使用对话机器人的用例和开发。

第 3 章专注于介绍开发用于从图片中提取信息和知识的自定义视觉解决方案。

第 4 章提供了企业内部自然语言处理(Natural Language Processing，NLP)问题的解决方案，以便可以处理几乎每个组织环境中都存在的海量文本信息。

第 5 章将深入研究使用 AI 和认知服务的机器人流程自动化(Robotics Process Automation，RPA)方案。

第 6 章旨在处理与使企业搜索变得更加高效有关的许多问题。

第 7 章提供的方案主要应对的是，使用 AI 来自动化和简化与运营相关的许多缓慢复杂且需要手动处理的流程。

第 8 章描述了各行业中的一些真实 AI 使用场景，并且提供了应对这些场景的解决方案。

我们希望可以在本书为你简化许多复杂的 AI 概念，期望你发现本书对于大家的 AI 学习之路是有所帮助的。祝大家一切顺利！

目　　录

第 1 章

使用认知服务实现 AI 民主化

"一旦生效，就不再有人会称之为 AI 了。"

——John McCarthy，《超级智能：路线图、危险性与应对策略》

"每个人的基本需要都是能够更加有效地利用时间，如果有人表示'可以帮助我们完成任务'，那就更好了。未来几年将是 AI 民主化的关键。对我而言，最激动人心的事情不仅是我们自己所承诺的由这些产品所展现出来的 AI 能力，而是利用该能力并且将其置于每一个开发人员和每一个组织的手中。"

——Staya Nadella，Microsoft 公司 CEO

除非一个人与世隔绝，否则不会注意不到人工智能、机器学习和深度学习已经在不同的行业、垂直领域造成了割裂式的"破坏"。当我们要求 Alexa 关灯以及将恒温器设置为舒适的 67 华氏度以便能够舒畅地阅读本书时，我们就是在利用许多机器学习和深度学习技术，从语音识别到 IoT(物联网)以及自然语言理解和处理。人们常说，最好的技术都是运行在后台的技术，并且能够提供平稳的人类体验和价值；人工智能正快速地成为我们周遭环境的看护者。

MIT 教授、研究员以及未来主义者 Max Tegmark 在其最新著作 *Life 3.0* 中将智能定义为"达成复杂目标的能力"。在我们探究"目标"这个词所必需的核心概念时，这一看似简单的定义所带来的影响实际上是非常深远的。思考一下 Bostrom 的回形针最大化机器这一经典思想实验——这是一个强人工智能(Artificial General Intelligence，AGI)目标，它没有有意识的恶意，但是用 *Artificial Intelligence as a Positive and Negative Factor in Global Risk* 一书的作者 Eliezer Yudkowsky 的话来说就是，"AI 并不憎恨人类，也不热爱人类，但人类是由原子构成的，它可以将这些原子用于其他用途"。

本章的目标在于向读者介绍人工智能民主化的概念和机器学习与深度学习的分类，

以及建立一个人工智能的业务用例，然后会研究 AI 在企业中是如何应用的。抽象的思想实验没什么问题，不过我们打算专注于机器学习正显著影响不同的行业领域这一事实，并且机器学习也正通过数字化变革为我们提供许多赚钱机会。之后，我们要研究机器学习和深度学习技术的令人畏惧的各种字母缩略语，以及底层的内部部署和云平台，还有各种可用的库。

可以将机器学习定义为一种复杂的曲线拟合活动。比较正式的说法是，Arthur Samuel 将其定义为：

让计算机获得学习能力而不需要进行明确编程的研究领域。

另一个广泛使用的经典定义要归功于 Tom Mitchell，他认为：

如果计算机程序通过 P 测量的针对 T 的性能可以借助经验 E 来提升，那么就可以说这个程序可以从经验 E 中学习到关于任务 T 和性能指标 P 的知识。

机器学习是实现人工智能的一种方式，不过肯定不是唯一的方式。典型的机器学习算法包括线性和逻辑回归决策树、支持向量机、朴素贝叶斯、k 最近邻、k 均值聚类以及随机森林损失函数算法，其中包括 GBM、XGBoost、LightGBM 和 CatBoost(与 Nyan Cat 没有关系)。

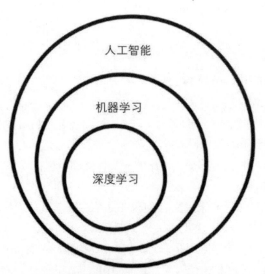

实现人工智能的另一种方法是借助深度学习，一些人将其归类于机器学习的一个子集。最近，作为构建 Deep Fakes(用于创建伪造图片或视频的技术，这是通过对已有的真实图片或视频强加上伪造图片或视频内容来实现的)背后的能力，深度学习是一种变革性的技术，它赋能了无人驾驶汽车，使得这些无人驾驶汽车能够识别树木或者停车标志，

并且可以区分行人和街道上的障碍物。深度学习使得 AlphaGo 能够自动下围棋，也可以预测系统的正常运行时间和可用性，还适用于训练模型包含来自应用程序遥测、服务器日志和季节因素分析的属性的场景。如今，诸如手机和音箱的消费者设备与认知数字助理中的语音识别也是通过深度学习才得以实现的。

如果就目前的工作环境而言，AGI、AI、机器学习和深度学习之间的区别并不明显，那么我们所处的公司就是一家好公司。随着我们接触到更多的可用平台、攻略和实现，我们就能清楚哪些场景适用哪种技术和工具。这是一个渐进过程。在实现我们自己的解决方案和攻略时，随着从企划讨论到部署的进程，我们将弄明白哪些特性是相关的以及哪些特性只是噪声而已。我们将得到一棵思维决策树，并根据它决定应该选择何种算法。

1.1　AI 民主化

现在市面上的 AI 计算框架系统有 Keras、Theano(RIP)、Watson、vowpal wabbit、SpaCY、TensorFlow、Azure 认知服务、PyTorch、Cuda、H2O.ai、CoreML、MxNet 等。真是令人眼花缭乱！

无怪乎这对于一个初学者而言是难以消化的。首先，虽然一开始一无所知，但他们必须搞清楚所有这些看起来让人惊慌失措的名称的含义。接下来的逻辑问题就是：我要如何开始进入人工智能和机器学习领域？我要如何成为一名数据科学家？谁知道应该怎么做？那些持续应对这些问题的实践者知道，不管是对于个人还是对于各种大小组织而言，要理解这些眼花缭乱的新开发领域中蕴含的有用技术的确是一个难题。这碗由开发生态环境的快速变化的三字母缩写、工具包、SDK 和库所组成的"字母汤"是一种新常态。机器学习技能集的学习对于初学者而言真的是一条鸿沟，所以询问如何在这一快速变化的领域中入门的确是合理的。

虽然一开始学习 AI 和机器学习会比表面看上去困难一些，因为可供选择的不同学习路径有很多，不过有许多组织正努力致力于帮助缓解这一学习曲线。"AI 民主化"这个词的含义是，努力让大部分开发人员都能触及机器学习开发。Microsoft 在这方面的说法是，"将 AI 从象牙塔中剥离出来，并且让所有人都可以享用它。"

就"AI 民主化"而言，我们可以轻易地将机器学习和深度学习工具划分成三个逻辑分类：基于云的、内部部署的以及混合模型。在研究平台工具之前，我们首先看看机器学习库和 SDK。另外还建议大家学习 Github 上的深度学习框架示例，该代码库旨在创建一个深度学习框架的罗塞塔石碑。[1]

---

[1] https://github.com/ilkarman/DeepLearningFrameworks.

1.1.1　机器学习库

这些年来已经出现了几个不同的开源深度学习框架，后面要介绍的只是其中一些工具包或机器学习技术。1.3 节中的内容概要介绍机器学习的不同学术流派。这里，我们主要关注的是与深度学习密切相关的平台和库。Theano 确实是第一个被广泛采用的深度学习库，它由蒙特利尔大学所维护。2018 年 9 月，该大学宣称他们将停止开发 Theano。目前，根据 GitHub 上关注的星级和分叉数量以及 Stack Overflow 上的活跃程度来说，TensorFlow 似乎是使用最多的深度学习库。不过，也存在用户数量持续增长的其他库。PyTorch 就是一个明显的例子，它由 Facebook 于 2017 年 1 月所推出。它使用 Lua 编写的 Torch 这一流行框架的 Python 入口。PyTorch 的流行是因为它使用了动态计算图形而非静态图形。除 PyTorch 之外，Facebook 还开源了 Caffe2，并且宣称它是一种"新的轻量级、模块化且可扩展的深度学习框架"。

Microsoft 也发布了自己的认知工具包，或者说计算式网络工具包(Computational Network Toolkit，CNTK)，这是由 Microsoft Speech 研究者于 2012 年创建的一个开源深度学习工具包。2016 年 1 月起已经可以在 GitHub 上获取它(MIT 许可)，并且 Bing Cortana、HoloLens、Office 和 Skype 都在使用它。Microsoft 内部的深度学习工作负荷有超过 80%的量都依赖于 CNTK，它在 Linux 和 Windows 上都享有一等阶级权限，并且具有 docker 支持。CNTK 提供了丰富的 API 支持，它主要是用 C++开发的(训练和评估)，并且提供了低级别和高级别的 Python API 以及 R 和 C# API 用于训练和评估。CNTK 提供了 UWP、Java 和 Spark 支持，另外 Keras 后端支持正处于 beta 测试中。

所有这些不同的开发工作相互之间看起来都像是专有的孤岛，不过 Facebook 和 Microsoft 都引入了一种新的开放式生态环境，用于实现可交换的 AI 框架，该框架被称为开放式神经网络交换(Open Neural Network Exchange，ONNX)格式。ONNX 已经被业界采纳为一种标准，用于"以能够让模型在框架之间迁移的方式表示深度学习模型"。这对于开发人员是有帮助的，因为这样一来他们就可以在一个框架中训练其模型，然后将之放入另一个框架中用于生产环境。作为一种开放格式的 ONNX 可以表示深度学习模型，并且它目前被 CNTK、PyTorch、Caffe 2 和 MxNet 所支持，以便在这些框架之间可以做到模型互用。

ONNX 是一种用于模型的神经网络交换格式，而 Keras 实际上是一个封装了多个框架的接口。François Chalet 是 Google 的一名深度学习研究员，他创建和维护 Keras。Keras 是一个高层次的神经网络 API，它是用 Python 编写而成的，并且它能够运行在 TensorFlow、CNTK 或 Theano 之上。Google 宣称，Keras 被选为 TensorFlow 的官方高层次 API。

1.1.2　机器学习和深度学习目前的状态

就像 Microsoft 一样，包括 IBM、Apple、Facebook 和 Google 在内的其他供应商也提供了机器学习平台，以便让开发人员的工作变得更为简单。不过当硝烟散尽之后，TensorFlow 成为显而易见的赢家，因为它在 GitHub 这一最大的生态系统上拥有最多的星级关注，并且拥有最大的用户数量。就这一点的成功性而言是无可争辩的，就如同 PHP 那样。

根据定义，一个全面的机器学习平台要提供算法、API、新手套件、开发和训练工具包、训练和测试数据集，以及 MLDLC(机器学习开发生命周期)指南。Microsoft 的数据科学处理团队制作了一个合适的示例，它展示了数据科学处理如何满足软件开发生命周期的最佳实践，其中包括源代码控制、版本管理等。平台的民主化也让开发人员能够轻易地跟上研发进度；因此，其中并没有手动安装和设置。它是一个一站式服务平台，所提供的计算能力能够支持设计、清理数据、训练模型，以及将交付准备环境和生产环境部署到容器、应用程序、服务等。

这样一个民主化平台的另一方面是要提供针对 AI 所优化的硬件。由 GPU、TPU 和 FPGA 所驱动的计算是需要确保巨大的资源投入的。专门设计和架构以用于高效运行基于深度学习的计算任务的硬件，其构建和维护成本非常高。因此，民主化平台通常符合个人开发人员和初学者的最佳利益，因为他们可以利用这个已经构建好的系统。

Microsoft AI 产品组合由四个关键领域构成：代理、应用、服务和基础设施。对于代理而言，Microsoft 押注在 Cortana 上，这也是理所应当的。毕竟，它所能讲出的笑话会像下面这样的无趣冷笑话：

"小熊维尼(Winnie the Pooh)和沙皇伊凡四世(Ivan the Terrible)有什么共同之处？他们的中间名字相同。"

而且它在仅听到"Hey Cortana"的时候就会打断谈话，这些都是需要改进的。四个关键领域中的"应用"支柱包含几乎所有桌面应用程序、Office 应用，以及.NET 或 Core 应用。作为服务的替代项，Microsoft 的 AI 生态系统包含了机器人框架(Bot Framework)、认知服务(Cognitive Services)、Cortana 智能套件，以及认知工具包(Cognitive Toolkit，CNTK)。响应命令的代理就是 Cortana，Microsoft 的机器人环境偶然地被称为机器人框架(Bot Framework)。认知服务工具包含视觉、语音、语言、知识以及搜索 API 等。机器学习工具包括 Azure ML 和认知工具包(CNTK)，还有增强现实产品 HoloLens。最后，基础设施服务包含 Azure 机器学习、Azure N Series 和 FPGA，以便为复杂机器学习和深度学习模型提供同类产品中最佳的训练支持。

Amazon 也有一款大型 AI 工具并且使用 Alexa 作为其代理。当它不会因为我们的冷笑话而偷偷摸摸并且毛骨悚然地发笑时，Alexa 的运行效果还是很棒的。Amazon Lex 是其机器人框架,而其用于识别的认知工具则专注于基于深度学习的图像分析。Amazon Polly 是一款文本转语音引擎,而 Apache MxNet 则是驱动该认知服务的深度学习框架。

Apple 的 Siri 可能是最广为人知的数字助理之一,因为几乎所有 Apple 产品中都提供了 Siri,其中包括手机、计算机。SiriKit 是一个集成式机器人框架,Apple 的 CoreML 库借助它来帮助开发人员将机器学习模型集成到应用程序中。Apple 用于 Core ML 的方法支持用于图像分析的 Vision、自然语言处理以及 Gameplay Kit,它能很好地与 iOS 应用生态系统集成。

Facebook 提供了 Facebook Messenger 作为其代理或者说数字助理,ParlAI 是其用于对话搜索的机器人框架,FastText 和 CommAI 是其认知工具,而 PyTorch 是其机器学习和深度学习库。由于其理念是"Python 优先",GPU-ready Tensor 库提供了具有强劲 GPU 加速的 Tensor 计算(就像 numpy 一样),还提供了在基于磁带的自动梯度系统之上构建的深度神经网络。

IBM 对于 Watson 的生态系统进行了大量投资,并且使用它作为其认知计算平台。由于有了 Watson Virtual Agent 作为代理以及 Watson Conversation 作为机器人框架,因此 Watson 也提供了视觉、语音、语言以及 IBM 数据见解的认知 API 和服务。对于机器学习,则要使用 Watson ML 服务和 Apache System ML。其语言理解框架 Alchemy 已经不再提供服务支持,以便让位于 Watson Discovery 或 Watson Natural Language Understanding。

Google 发布了智能且无处不在的 Google Assistant 作为其代理,而其机器人框架则部分基于 API.ai 的技术,这是 Google 于 2016 年 9 月收购的一家公司。在认知领域,Google 提供了一个云端视觉 API、视频智能、语音 API、自然语言、知识图谱、自定义搜索以及 ML 高级解决方案实验室。对于机器学习,其工具构成包括云端 ML 引擎以及优秀的 ML 库 TensorFlow,现在它已等同于深度学习的代名词。TensorFlow 于 2015 年开源,其计算使用了数据流图形以便实现可扩展的机器学习。TensorFlow 拥有超过 92 000 的 GitHub 关注星级以及超过 60 000 个分支,它是整个生态系统中最活跃的机器学习和深度学习库之一。在增强现实使用场景方面,Google 使用了 Google glass@work 和 Google Day Dream/Tango。

1.2 为人工智能构建业务用例

人工智能和机器学习正帮助企业获得竞争优势,因为它们能帮助企业提升运营效率,触及新的细分客户,并且帮助企业从市场中脱颖而出。弗雷斯特研究公司(Forrester Research)预测,相较于 2016 年,2017 年人工智能领域的投资增加了超过 300%。IDC 预计,到 2020 年底,AI 市场将从 2016 年的 80 亿美元增长到 470 亿美元以上。根据 Porter 的框架(波特竞争分析框架),企业中使用机器学习的两种关键方式就是传感和预测。传感指的是从传感器接收大量的数据并且学习从中识别出有用的信息。应用程序和分析平台使用大量数据来预测未来行为。多亏了自动化和数字化，大多数行业中所产生的数据量都有了显著增长，而这些数据可以被转变为一种竞争优势，并可促成战略预测目标的达成。

机器学习算法被用于预测制造业中的维护需求、零售业中的库存需求、医疗健康领域中的患病风险、金融业中供应商和购买者的潜在信用风险、交通领域中的交通模式，以及能源部门的能源使用情况。营销团队正使用机器学习来优化促销、赔偿和折扣；预测来自所有渠道的购买行为倾向；向顾客进行个性化推荐；还会预测长期顾客的忠诚度。在医疗健康领域，医护正使用计算机视觉和机器学习来诊断疾病。自然语言处理(Natural Language Processing，NLP)被用于从医学报告和文献中收集见解。基于上述概要介绍，大家是否清楚了人工智能和机器学习所带来的真实价值？接下来介绍一些使用案例。

1.2.1　自然语言理解和生成

从计算机数据中生成文本的业务用例，其价值非常高并且对于盈利是有帮助的，其中包括挖掘客户服务的上下文，生成新闻文章的摘要，以及生成财务报告。同时理解结构化和非结构化源中语句的结构与含义、情绪和意图对于现代数字化企业而言至关重要。所有主流 AI 供应商(Facebook、Microsoft、IBM Watson、Google)都提供了类似的自然语言理解和处理能力作为其云端工具的一部分。业界领先的内部部署 NLU/NLP 库包括 Stanford CoreNLP、NLTK、Genism、SpaCY 以及 textblob。

1.2.2　语音识别

通过 AI 将一些客户电话转写成文字以便执行查找(搜索)，这样的做法会比客户服务专员人工处理的速度和效率高上好几个数量级，然后将转写出的文字用作对于员工的建议以形成闭环——这听上去是不是一个合适的用例？将说出的话转换成意图和可搜索查询的做法是一个巨大的商业机会，所有主流认知数字助理工具都将其作为构成部分，这不仅能识别语音，还能生成相应的响应。

1.2.3　认知数字助理

机器人或者说虚拟代理无处不在，并且可以将其作为分析 AI 过度宣传对于技术具有不良效果的绝佳研究案例(一个重要的证据就是 Microsoft 推出的 Tay，它最终变成了散布种族主义言论的机器人)。认知数字助理目前的用途包括客户支持、推荐系统以及智能家居管理。可用的工具包括 Amazon Alexa、Apple Siri、Google Now、IPsoft Amelia 和 Microsoft Cortana 等。

1.2.4　非结构化文本分析

分析来自不同信息孤岛中的文本是大多数组织都在应对的一项由来已久的挑战。随着时间的推移，跨组织的数据共享会变得支离破碎，而包含大量重要见解和可能的可操作数据的 PDF、Word 文档、Excel 电子表格、文本文档、wiki 以及其他数据源则会出现丢失的情况。使用非结构化文本分析技术，包括命名实体识别、链接、自动化分类和本体构建、索引、词干提取和知识图谱构造，以及与其他数据源的临时性或基于上下文的相互关系，就能使用一种有效的、上下文敏感的搜索将丢失数据聚集在一起。这一具有语义知识图谱的"数据湖"让组织可以从数据中提炼出见解并且将见解转化为行动。

1.2.5　决策管理

在保险公司、金融机构、银行以及抵押贷款机构的业务领域中，都存在着处理金融规则的决策引擎。这些规则往往是静态的，而这些系统并不会根据市场情况、人口统计数据以及其他因素的变化进行学习或者调整。机器学习有助于让这些决策管理系统变得更具动态性且更加高效，这是通过引入判断逻辑来实现的，这些逻辑可能包括某个人是否可以获得贷款，某个人是否可以得到较低利率的抵押贷款，是否可以让特定的程序完成，是否可以采购一款医疗设备，或者是否可以请求货品补给。

1.2.6　机器人流程自动化

就像传统的决策管理一样，流程自动化通常是通过批处理任务、脚本以及人工操作来支持后端流程而实现的。有了机器人流程自动化和认知型 RPA，当系统通过观察人类操作员并且随后将其操作转换成脚本以便在实践中执行的时候，高效的业务流程自动化就实现了。尽管这并非主流 AI 和机器学习供应商所提供的直接产品，但机器学习平台中的几个组成部分可以被用于业界领先的工具集中，如 Automation Anywhere、Blue Prism、UiPath 和 Sales Force。

AI 以及未来的工作是一个很大的主题，无法在几页纸上进行全面介绍。本书内容将介绍各种各样的业务用例。请查阅本章的参考文献以便了解更多与企业中 AI 应用有关的内容，以及机器学习如何影响不同的行业领域和相应的机会。

1.3　机器学习的五大流派

要理解人工智能技术的状态，重要的是要熟悉其历史以及当时其生态系统的演化。这很快会让人感到费时、费力和乏味，不过幸运的是，在计算机科学研究者和华盛顿大学教授 Pedro Domingos 的著作 *The Master Algorithm* 一书中，他通过将人工智能划分为五大不同类别而简练地对其进行了概括(见表 1-1)。

表 1-1　五大不同类别

流派	关注点	所受影响
符号主义	填补现有知识中的空白	逻辑学、哲学
联结主义	模拟大脑	神经科学
进化主义	模拟进化	生物学
贝叶斯学派	系统性降低不确定性	统计学
类推学派	关注旧项和新项之间的相似性	心理学

符号主义方法就是基于规则的系统，或者是那些相信反推技术的人所选用的方法。逆向工作，指的是采用一些假设(前提)和结论进行反推，以便之后进行逆向工作来填补空白。

第二个流派就是进化主义。进化主义坚持使用基因算法和进化编程技术。这一流派的核心是进行平行比较，并且会将进化过程中基于基因组和 DNA 的计算理念应用到数据结构中。

贝叶斯学派，这是我想要支持的思想流派，它处理的是现实生活中的不确定性。贝叶斯方法在于，在出现更多证明或信息的时候更新一种假设的可能性。贝叶斯学派所效仿的终极算法就是概率推断。贝叶斯学派使用有向无环图来应用概率图建模技术。这一流派相信，应用先验模型并且在遇到更多数据时更新假设条件的做法是正确的。

根据 Domingos 的说法，机器学习的第四个流派是类推学派。在配备了"最近邻"这一技术以及支持向量机之后，类推学派的优势就与新奇二字关联上了。

最后是联结主义，这个流派想要对人脑进行逆向工程。这一方法涉及创建人工神经元并且将它们联结成一个神经网络。如今的现代深度学习应用程序都是基于该流派方法的，该方法源自反向传播。联结主义的现代方法就被称为"深度学习"，它尤其擅长于参数估算，并且它被恰当地应用到许多领域中，比如计算机视觉、语音识别、图片处理、机器翻译以及自然语言理解。

1.4　Microsoft 认知服务——概述

在深入研究认知服务之前，重要的是要注意，这些 API 仅是 Microsoft 所提供的 AI 平台的一部分。该 AI 平台被划分成不同的部分：AI 服务、基础设施和工具，并且每个部分都包含多个环节。本书将展示来自预先构建的 AI(比如，认知服务)的一些示例，但是也会介绍该平台的其他一些部分，其中包括对话式 AI、自定义 AI、DSVM 以及深度学习框架。

API 的作用很大，因为它们会通过经常失败和快速失败帮助我们专注于业务价值命题。它们让我们可以不再重新发明轮子，并且其目的在于让人易于使用，因此也就减缓了学习曲线。在不必费太多心思的情况下，我们就能用几行代码完成我们自己的 RESTful 实现并且添加想要的功能。它们被整合到我们选择的编程语言和平台之中，并且有许多选项可供选择，从而确保我们能够找到适合我们应用程序的选择。此外，大部分编写良好的 API 都遵循一种编码规范，这些 API 都是由对应领域的专家所编写的，并且都会提供高质量的文档、示例代码和初学者工具包，以及在需要求助时可以借助的社区支持。

Microsoft 认知服务是作为 Microsoft AI 产品的一部分来提供的一组 API，它有助于 AI 民主化和机器学习。那些像我一样从认知服务在 2015 年刚发布就开始使用它的人已经看到了这款一飞冲天的惊人产品的成熟度。Microsoft 认知服务是 API、SDK 和服务的一个集合，它包含一组不同的 API，大约有 30 个左右。这些 API 可以被分类成五个较大的类别：视觉、语音、语言、知识和搜索。

按照常规地逐个查看这些服务会让人觉得枯燥，不过我们在某些时候需要这样做，因为有契约的存在。但是我希望读者可以从现实世界用例的角度进行思考：如今，我们要如何应对这样的场景，比如要在零售展示窗口进行情感检测，以便弄清楚某位客人在可能购买一款产品或服务方面的感兴趣程度有多大，或者将情绪分析应用于一个重点小组，或者了解讲课或谈话期间听讲者的感受。我们如何才能弄清楚技术会议中的男/女比例以及帮助母语并非英语的那些人在某个活动中拥有舒适的体验？我们是否能够让盲人阅读菜单，使用人脸识别找到走失儿童，或者使用自然语言理解来处理像分类信息这样的公共论坛中所出现的人口贩卖信息？所有这些用例以及更多看似难以实现并且耗费人力的应用程序，现在都使用机器学习 API 实现了。

正如之前所讨论的，Microsoft 认知服务可以被大体分类成五个不同领域，视觉、语音、语言、知识和搜索。还有一些 API 仍处于"实验室"阶段，其中的新功能正在持续开发和测试。在这些类别和服务逐渐满足通用可用性的过程中，它们都不稳定并且容易受到变更的影响。

计算机视觉 API 让我们可以从图片和视频中获得关于面部和情绪的信息。想要从办公室内网上传数据中过滤出原始内容？可以做到。想要对图片执行 OCR(光学字符识别)以便提取文本？已经提供了。生成标题和缩略图以及跟踪识别名人——都有了。就像 Disney 的《头脑特工队》动画电影一样，我们可以使用一个简单的 API 调用来识别生气、鄙视、厌恶、恐惧、愉快、中性、悲伤和惊讶；另外要提一句，Mindy Kaling 的配音很出彩。诸如 what-dog、howold 和 captionbot 的应用都是由 Microsoft 认知服务 API 生态系统来提供服务的。计算机视觉 API 也可以应对视频处理任务，比如视频稳定，检测和跟踪人脸，生成缩略图等。业务方可能会希望识别出视频中出现某个演员的部分，或者识别出哪些内容对于特定观众是不合适的，而视觉 API 能够对这些处理提供帮助。

1.4.1　语音

这类 API 可能不会提供私人的朗诵作品，但它们非常有助于创建可以消费和生成音频流的应用程序。这些 API 可以过滤噪声、识别说话者并且识别意图。在构建我们自己的 Siri/Cortana/Alexa/Google Now Assistant 时，还可以使用 Bing Speech API 并借助语言理解智能服务(Language Understanding Intelligent Service，LUIS)来完成语音意图识别。大家可能听说过 Josh Newlan，他住在加利福尼亚，现在 31 岁，他完成了我们所有人都梦寐以求的事情。大家一定都受够了电话铃声不厌其烦的打扰，对吧？Newlan 创造了一种方法，可在拒接会议电话的同时仍旧能够表现得参与其中。该方法同时使用 Uberi 语音识别和 IBM Watson 语音转文字技术来记录会议中的发言。当会议中提到 Newlan 的名字时，他就会播放一段预先录制好的 30 秒时长的音频，以便跟上会议节奏，然后随声附和！我们也可以使用说话者识别来获悉谁正在发言。借助自定义训练，仅使用一个小的数据集就可以让准确率变得非常高。因此，如果我们仅希望收听电台节目 *Wait Wait Don't Tell Me* 中 Paula Poundstone 所讲的笑话，则可以合理地使用这一服务。

1.4.2　语言

在"认知基础调查探究(Inquiries into the cognitive bases of surveys)"一文中，斯坦福大学的 Clark 和 Schober 提到，"人们往往有一种误解，认为语言的使用主要与词语及其含义有关。实际上并非如此。语言的使用主要与使用者及其要表达的含义有关。"认知服务语言 API 可以处理自然语言，执行文本和语言分析并且加以理解。像拼写检查、情绪、语言、主题以及关键词组提取这样的常见用例，都是这一无所不包的产品功能的一部分。

1.4.3　知识

在知识经济的环境中，允许我们利用丰富知识图谱的 API 是受到极大的追捧的。Microsoft 知识(Knowledge) API 会从网络、学术界以及其他来源处收集和提炼出知识，以便探究不同方面的知识，将实体(人、位置和事件)与相关上下文联结起来，并且提供推荐建议。

1.4.4　搜索

如今搜索无处不在，已经成为我们日常生活的一部分，在需要进行搜索时，我们会毫不犹豫地选择 Google、百度或者 Bing 进行搜索，而不会在大脑中苦苦思索。由 Bing Search 所驱动的 Microsoft 认知服务搜索 API，让我们的应用程序可以访问 Bing Web、Image、Video 和 News 搜索的数十亿个网页、图片、视频和新闻以及自动建议。

　　Microsoft 认知服务 API 包含来自 Microsoft 研究中心的大量人工智能和机器学习研究，以及包含通过多年来所开发和运行在生产环境中的大规模应用程序而获取的数据和结果。开发这些 API 的目的在于从各种数据源处收集信息，并且应用先进的状态算法来部署软件即服务(Software-as-a-Service，SaaS)、算法即服务，或者云端的 AI 即服务。这一快速演化的机器学习 API 和 SDK 工具包旨在对开发人员赋能，驱动和促成他们可以快速构建 AI 赋能的应用程序，这些应用程序可以利用强大的语音、语言、搜索、知识和视觉相关的功能。

1.5　人工智能的伦理规范

　　以电影和电视节目呈现的 AI 危害人类的内容并不少见，不过《金属脑袋》(Metalhead)中可怕的机器狗在我的认知中一直是一种特殊的存在。《金属脑袋》是电视剧《黑镜》中的一集，其拍摄背景是一个并未明确指定时间的未来，并且它毫不客气地让观众完全沉浸到黑白世界中。在人类社会原因不明地崩溃之后，Maxine Peake 试图逃离机器狗的追杀。不过实际上，如果挑选潜在雇员的机器学习模型带有性别、种族、性取向或其他任何非职位相关特征的偏见，那么这个模型就容易引起恐慌，其严重性更有甚于一条幻想出来的未来主义机器狗。

　　人工智能和机器学习的伦理考量已经成为一个广为人们所关注的主题，因为它会直接影响就业、经济、企业、通信、运输、媒体和技术——围绕我们社交和个人生活的方方面面都会受到影响，就目前而言，由此产生的未决问题要远多于答案。Shannon Vallor 博士是 Santa Clara 大学的哲学系教授和系主任，她就这一主题编写了一本出色的书籍，并且提出了受到关切的一些关键领域。关于 AI 的焦虑源自怀疑主义和人类安全的关切，并且焦虑的主题往往是算法不透明度和自主权、机器的责任性、训练数据集多元性的缺乏，以及人类活力和智慧这一最突出的欠缺。Vallor 博士还认为，即使是最激烈的 AI 反对者也承认，AI 在各个方面相较于我们人类都是具有优势的。这些优势包括最优性、高效性、决策速度、精确度、可靠性、可读性(信息优势)、可压缩性、可重复性以及不易受到伤害。

　　图 1-1 所示是 Andrew Ng 和 Elon Musk 关于这一主题一次有意思的 Twitter 交流。

　　总之，围绕伦理规范的三个关键关切点源自于 AI 相较于人类的决策优势，以目标为导向以及人类价值观的欠缺，还有就是为了避免模型偏向性的透明度或者可解释性。认为 AI 决策优势大于人类的这一观念通常难以让人接受，因为它会唤起我们关于反乌托邦式 AI 掌控世界的暑期档大片的记忆。就经典的有轨电车难题而言，相较于在这一过程中让人参与其中以便强化决策，在何时将决策管理完全移交给无监督 AI 才是合适的呢？这个问题仍旧处于较大范围的探讨之中。

Andrew Ng ✓ @AndrewYNg · 2h

AI/ 机器人技术就是技术而已，不同于食物 / 药品等，它们都是实体行业。有鉴于 AI 的发展，我们需要将新的规则引入食品 / 药品 / 飞机 / 汽车 / 媒体 / 金融 / 教育产业。不过我们可以使用特定于行业的风险作为管制该行业的起始点。

Elon Musk ✓ @elonmusk

必须像管控食品、药品、飞机和汽车产业那样管制 AI/ 机器人技术。公共风险需要公共监管。摆脱美国联邦航空局并不会让飞行变得更加安全。这类公共监管的存在是有必要的。

图 1-1　Elon Musk(特斯拉公司的创始人和 CEO)和 Andrew Ng(一名权威的 AI 科学家和
学者)之间的 Twitter 交流

即使一个组织的目标可以被归结为最大化生产效率和/或利润，或者提升股东价值，但这个组织还是必须考虑到社会责任、治理，以及当地法和国际法，或者说至少我们希望该组织能够考虑这些问题。AI 并没有这样的内在约束。将这些职责和关切添加到一个专注于目标的 AI，对于"准备好用于生产环境"的实现而言是极其重要的。AI 到底是威胁还是救星取决于我们如何定义人工智能的伦理规范，以及是否能就其达成一致共识。AI 毁灭我们之前会三思而后行吗？——这差不多相当于我们在修建水坝会冲毁蚁丘时毫不关心蚂蚁的命运一样。

1.6　结语

在反乌托邦的语境中，AI 和机器学习通常都会被描绘成这样的场景，即自动化已经导致了人类工作的消失，而人类可以选择服侍其机器主人，承担仆人工作，或者生活在贫困煎熬之中。这并非是在危言耸听。现在的组织都严重依赖 AI 和机器学习来提供数字自动化处理，不过这并不会消灭人类，而是作为一种帮助增强和加速人类开发工作的工具。这一方式的关键好处是，允许人类在更高层次的认知面上进行工作，而机器则不仅可增强和加速所有繁重乏味的工作，还可以承担重复的手动任务，尤其是那些需要大量使用搜索和知识库的任务。使用 AI 和机器学习的目标组织都拥有同一目标和关切，那就是让人类雇员的工作变得更加容易和更加有趣，这样人类雇员就可以专注于他们最想做的事情。

第 2 章

构建对话式接口

"这是一个我们可以想见的充斥着各种对话的世界：人与人、人与个人数字助理、人与机器人，甚至是代替我们调用机器人的个人数字化助理。这就是我们在未来数年内会看到的世界。"

—Satya Nadella，Microsoft

对话即平台，或者直接说"机器人"，正快速变为现代用户接口的当前形式以及不可避免的未来形式。虽然就其目前的发展状态而言，可能会出现笨拙的对话式接口，但对话机器人就是我们期望 AI 应用程序在现实世界中落地的缩影，其应用范围涵盖了情绪分析和自然语言处理及理解、问答机制、可视化交互和搜索、主题建模和实体抽取、多轮对话、事务处理、多模式对话、自然语言生成——数不胜数！构建一次能正常运行、有弹性、可使用并且交互式的对话活动需要各种各样的 AI 能力。

鉴于对话机器人受追捧的风口已经过去了，但由于我们涉险踏出了理想破灭的境地，因此对话机器人领域仍旧保有一些可取之处以便证明其价值。本章将探讨一些现实用例，以便讲解如何将对话机器人用于实际目的，这些用例包括问答机器人、基于图片的搜索机器人、云端托管的机器人，以及 IT 系统监控智能体。

2.1 对话式 UI 的组成部分

虽然从用户的角度来看对话机器人似乎很简单，但构建一个机器人实际上需要各种各样的组成部分，并且要将各种技术结合在一起使用。一个对话式 UI 通常需要自然语言处理能力、一个消息传递平台以及一套具备部署能力以便规模化运行的框架。这其中可以选择包含一个对话设计器和一个分析引擎，以便在机器人从交互中进行学习时可以保持其可用性及有效功能。

就像所有的开发技术一样，目前迅速发展的机器人生态系统是碎片化的，并且各种先进技术和落后技术都充斥其中。大家可能听说过一些著名的机器人生态系统，比如 IBM Watson、Microsoft 机器人框架、LUIS、Wit.ai、Api.ai 以及 Lex 等。还有一些大型的对话式 AI 生态系统，其中包括 Apple 的 Siri、Google Now、Amazon Alexa 和 Echo，以及 Microsoft Cortana。

业界领先的消息传递平台包括 iMessage、Facebook Messenger、WhatsApp、Slack、WeChat、Kik、Allo、Telegram、Twilio 和 Skype。

另外，将自然语言处理能力作为服务平台来提供服务的选项包括 Amazon Lex、Google 云 NLP API、IBM Watson 对话服务、Alexa、LUIS 以及 Microsoft 认知服务。

最重要的机器人框架和开发平台包括 wit.ai、API.ai、Azure Bot Service、Microsoft 机器人框架、Lex 和 Google 的 API。

正如大家可能已经注意到的，上面这些功能集是存在重叠部分的，超出通常理解认知的是，出现这种局面的原因是，关于机器人框架的约束范围这一点并没有行业标准定义或者明确定义的边界。其能力范围跨度很大，囊括了对于可视化机器人构建者和对话设计者的支持能力、机器人分析工具、热词检测(离线或在线检测)、语义解析、多轮对话引擎、机器学习模型、关键词检测和同义词映射、对话方案、多模式通知、全渠道状态管理、调度技术、模式匹配、布局支持(UI 对话框、对话式卡片、图片等)、通用脚本支持、内置词典、可扩展本体论，以及用户交互记录。

大家可以想见，本书内容无法涵盖所有这些功能或框架，而是会尝试专注于讲解 Microsoft 机器人框架和认知服务。要了解更多关于对话机器人实践的示例，可以随时签出 Microsoft Xiaoice，它具有流畅的自然语音，是由文本挖掘、语音识别和上下文理解这三种能力来驱动的。其他示例还包括 Facebook M(RIP)、Google Assistant、X.ai Amy、Meekan(会议调度助手)以及 Toutiao，它是机器人记者。

Microsoft Tay 的警示录

Tay是于 2016 年 3 月发布的一个机器人，它可以从当代语言中进行学习并且做出回应。不过，Tay很快就引发了争论，因为它开始发布具有攻击性和煽动性的推文，所以在其发布之后的 16 小时内就被关闭下线了。

Microsoft 的 CEO，Satya Nadella 将其视作一种学习经验，他认为 Tay "对于微软正在将 AI 用于实践的方式产生了重大影响"，并且它向该公司表明了承担社会责任的重要性。Tay 所发布的大部分推文都不适合公开。

2.2　开始使用机器人框架

现在大家已经了解了较为广泛的生态系统以及构建一个机器人所需要的能力，我们将这一知识用于实践，这涉及使用 Microsoft 机器人框架来构建一个机器人。在借助 Microsoft 机器人框架的前提下，着手开始进行机器人开发是非常容易的；不过，其命名方式可能造成一些困惑，因此这里要深入浅出地解释一下。

Microsoft Bot Builder SDK 提供了一个"强大且易于使用的框架，这个框架使.NET 和 Node.js 开发人员可以借助熟悉的方式来开发机器人。"简而言之，该 SDK 提供了关键的对话功能，并且还为机器人调试提供了模拟器，这样开发人员就不必关心所有的管道通信了，只要专注于核心交互即可。

图 2-1 显示了一个典型的机器人框架管道的逻辑视图。

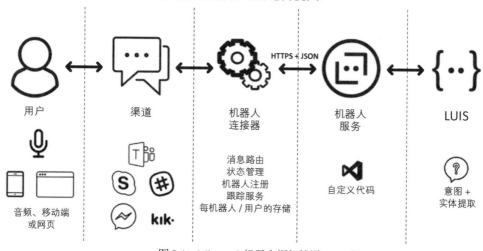

图 2-1　Microsoft 机器人框架管道

其工作流从左侧开始，可以从中看到所支持的相关渠道，比如文本、Skype 或 Facebook(通过 REST API 连接)，这些渠道会连接到机器人服务。机器人服务使用了 LUIS(Language Understanding Intelligent Service，语言理解智能服务)来理解实体、意图和语音。LUIS(https://www.luis.ai/home)是一种基于机器学习的服务，它用于将自然语言处理构建到应用、机器人以及物联网(Internet of Things，IoT)设备中。它有助于构建可以持续改进的自定义模型，并且在编写本书时，它允许创建 500 个意图和 100 个实体。

Microsoft 机器人框架可分为四个关键组成部分，如下所示：

- Bot Framework Portal & Channels(机器人框架门户和渠道)：
  https://dev.botframework.com
- Bot Builder SDK(机器人构造器 SDK)：　https://aka.ms/bf-bc-vstemplate
- Bot Framework Channel Emulator(机器人框架渠道模拟器)：
  https://emulator.botframework.com
- Bot Framework Channel Inspector(机器人框架渠道检测器)：
  https://aka.ms/bf-channel-inspector-learnmore

https://github.com/Microsoft/botbuilder-dotnet/wiki 提供了 Bot Framework SDK、示例、文档和规划路线图，这是一个一站式门户。

Bot Framework 编程可以通过用于.NET 和 Node.js 的 Bot Builder SDK 以及 REST API(如使用 Azure Bot Service)来完成。Bot Framework 所支持的编程范式包括 FormFlow、Dialogs、JSON、Schema、Q&A Maker 以及 LUIS API 支持，本书后续内容将对其进行探讨。Bot Framework 为开发人员抽象了渠道的概念、活动和消息、状态管理、富文本对话卡片、实体、全局处理程序以及安全性。

Connector 提供了包含 Skype、电子邮件、Slack 在内的多渠道能力，并且可以通过传递像一条消息这样的活动对象来提供更多的渠道支持。Dialogs 用于对一个对话建模并且管理对话流。Bot Framework 中的工作流编排是通过 FormFlow 来管理的，并且还提供了各种存储机制，其中包括用于存储用户偏好等的内存状态管理。

由于 MS Bot Framework 仍旧处于预览阶段，因此构建机器人所需的项目模板并非 Visual Studio 安装中的一部分。

假设我们已经在机器上安装好了 Visual Studio，那么第一步就是下载和安装 Bot Builder SDK。在本书的示例中，我们将使用 Bot Builder V4 Preview SDK，可以从以下 URL 下载它：https://marketplace.visualstudio.com/items?itemName=BotBuilder.botbuilderv4。

Bot Builder SDK 也提供了 NuGet 包，并且在 GitHub 上开源了。

NuGet 包：https://www.nuget.org/packages/Microsoft.Bot.Builder/。

GitHub 仓库：https://github.com/Microsoft/BotBuilder。

我们选择使用 Bot Framework 4.0 的原因在于，根据其产品路线图来看，这个版本是一次重大修改，并且是机器人开发的未来。在编写本书时，Bot Builder SDK 4 还只是一个预览版，并且 Bot Builder 仓库(https://github.com/Microsoft/BotBuilder-Samples)包含的是 Microsoft Bot Builder V3 SDK 的示例。dotnet、JS、Java、Python 各自的仓库中都提供了 Bot Builder V4 SDK 的示例：https://github.com/microsoft/botbuilder。

可以从 http://aka.ms/bf-bc-vstemplate 下载机器人应用模板以便进行安装；该下载文件中包含一个名为 BotApplication.zip 的 zip 文件。

将该 zip 文件复制到 C#的 Visual Studio Templates 文件夹。模板的默认位置是 %USERPROFIE%\Documents\Visual Studio 2015\Templates\ProjectTemplates\Visual C#\。(这个路径是 VS 2015 的路径；对于其他版本，比如 VS 2017，则要使用 Visual Studio 2017 Templates 文件夹。)

以管理员身份打开 Visual Studio 并且单击 New Project 菜单。现在大家应该能够在 Templates 区域看到用于机器人的项目模板，如图 2-2 所示。

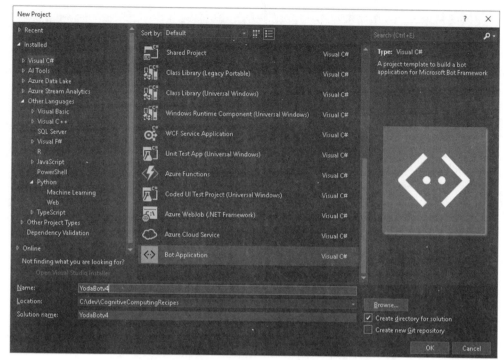

图 2-2　Visual Studio 中的机器人应用项目模板

要使用 Microsoft Bot Framework 开始编程，有两种基本方式可选：

- 使用 Bot Builder(.NET/Node.js)创建一个机器人。
- 使用 Azure Bot Service 创建一个机器人。

无论选择哪种方式，Microsoft Bot Framework 生态系统中的机器人都是通过 Bot Builder SDK 构建的可组合 Web 服务(Web 应用)。本书将探讨这两个选项。

第一个选项对于开发人员而言更加友好，因为它在编写代码方面提供了更大的灵活性，可以通过机器人模拟器进行测试，对其进行注册，并且手动进行发布。

如果选择第二种方案——比如，使用 Bot Service 创建一个机器人——则可以基于机器人模板来生成代码。这样的处理在借助 Windows Azure code UI 的情况下是非常简单的，后面的内容将就这一点进行讲解。然后，可以将机器人发布到 Azure，将其注册到机器人渠道，并且通过一个 Web 测试 UI 对其进行测试。

2.3　Bot Framework SDK 示例

Bot Framework SDK 提供了大量的机器人示例，以便帮助刚入门的开发人员。这些示例被划分成核心任务、智能化相关的活动，以及演示用例。遗憾的是，大部分示例都是使用该 SDK 的 V3 版本构建的，并且在撰写本书时，这些示例还未全部被移植到 V4。我们将这些 V3 示例称为参考实现，因为根据其产品路线图，不久之后我们就可以使用一个升级迁移的转换工具将 Bot Framework 3.0 示例转换成 4.0 示例。

为了让开发人员能够快速进入开发状态，Bot Framework SDK 中包含了各种示例，这些示例提供了各种机器人类型的基础脚手架。例如，SimpleEchoBot 是一个展示使用 Bot Builder 框架的 Bot Connector 的示例。EchoBot 是基于前一个示例扩展而来的，其中添加了状态。SimpleSandwichBot 是基于前面这两个示例构建的，它展示了 FormFlow 的能力，可以使用引导式对话、帮助和说明来创建一个丰富的对话。另外要说明的一个示例就是 AnnotatedSandwichBot，它添加了属性、消息、确认信息以及业务逻辑，以便展示按照不同需求所定制的能力。

核心或者常用的任务包括日常的机器人开发活动，比如发送和接收附件，创建对话，向用户主动发送消息或通知，获取对话参与者列表，使用基于 Web socket 的直接通信，使用对话栈，处理全局消息，任务自动化处理，管理状态，使用渠道数据(在不同渠道上共享等)，提供应用见解(比如日志遥测)以及日志中间件。

除了基础的集成和对话任务外，这些示例中还处理了构建"智能化"机器人所需要的其他能力，其中包括使用 Microsoft Cognitive Services Vision API 创建图片说明以便理解图片；使用 Bing Speech API 执行从音频中提取文本的语音转文本处理；使用 Bing Image Search API 从视觉上找出相关产品以便提供给产品推荐引擎；使用 Bing Search API 为示例机器人找出维基百科文章。

Bot Builder 演示用例中有几个参考实现，可以基于它们来构建复杂的现实场景交互。Contoso Flowers、Azure Search、Knowledge Bot、Roller Skill(对话接续技能，用于诸如 Cortana 启用了语音的渠道)、Payments(支付处理)，以及用于接收和处理 Skype 语音电话的 Skype Calling，所有这些都为开始使用 Microsoft Bot Framework 提供了基本的要素(见图 2-3)。

我们可以使用更多的闹钟，一个简单的闹钟机器人示例展示了如何集成 LUIS.ai 对话系统来设置闹钟。这对 AlarmBot 进行了扩展，以便主动设置闹钟。就像闹钟一样，世界上的披萨也是永远不够吃的。披萨机器人也展示了 http://luis.ai 与 FormFlow 的集成，而 GraphBot 示例则展示了 Microsoft Graph API 与对话系统的集成。

SimpleFacebookAuthBot 很好地揭示了多通道的运行和身份验证机制，其中展示了使用 Facebook Graph API 的 OAuth 身份验证。在使用 Skype 作为另一个主要渠道的时候，SimpleIVRBot 就会展示 Skype Calling API 的使用。AadV1Bot 和 AadV2Bot 展示了用于将用户分别登录到 AAD V1 和 V2 应用程序的 OAuthCard，并且使用了 Microsoft Graph API。另一个身份验证用例就是 GitHubBot，它使用了 OAuthCard 将用户登录到 GitHub。BasicOAuth 也通过 OAuthClient 使用 OAuthCard 进行登录。

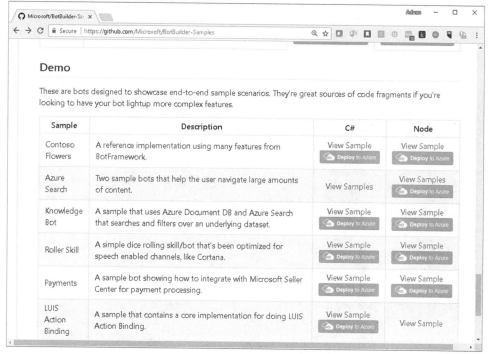

These are bots designed to showcase end-to-end sample scenarios. They're great sources of code fragments if you're looking to have your bot lightup more complex features.

Sample	Description	C#	Node
Contoso Flowers	A reference implementation using many features from BotFramework.	View Sample Deploy to Azure	View Sample Deploy to Azure
Azure Search	Two sample bots that help the user navigate large amounts of content.	View Samples	View Samples Deploy to Azure
Knowledge Bot	A sample that uses Azure Document DB and Azure Search that searches and filters over an underlying dataset.	View Sample Deploy to Azure	View Sample Deploy to Azure
Roller Skill	A simple dice rolling skill/bot that's been optimized for speech enabled channels, like Cortana.	View Sample Deploy to Azure	View Sample Deploy to Azure
Payments	A sample bot showing how to integrate with Microsoft Seller Center for payment processing.	View Sample Deploy to Azure	View Sample Deploy to Azure
LUIS Action Binding	A sample that contains a core implementation for doing LUIS Action Binding.	View Sample Deploy to Azure	View Sample

图 2-3　GitHub 上的 Bot Builder 示例

还有两个简单但功能强大的示例，一个示例展示了调用 Web 服务、LUIS 以及 LUIS 对话的 StockBot。另一个示例展示了 SearchPoweredBots，它显示了 Azure Search 和对话的集成。

最后，集成了所有功能的最重要的示例之一就是 Stack Overflow Bot，它揭示了 Microsoft Bot Framework 和 Microsoft 认知服务之间的若干项集成，其中包括 Bing Custom Search、LUIS、QnA Maker 和文本分析。可以在这里签出该机器人并且研究完整的源代码：https://github.com/Microsoft/BotFramework-Samples/tree/master/StackOverflow-Bot。

2.4　攻略 2-1：构建 YodaBot

2.4.1　问题

由于 EchoBot 过于主流，因此我们将构建 YodaBot。

2.4.2　解决方案

Bot Builder 扩展允许开发人员在 Visual Studio 中创建机器人。借助该扩展，我们可

以通过 File | New | Project 创建一个机器人项目。

　　此处可以选择和输入机器人应用的名称(见图 2-4)。这里的示例名称就是 YodaBotv4。
该模板会为程序创建所需的脚手架，包括服务引用、控制器代码等(见图 2-5)。

图 2-4　Visual Studio 中的 New Project 对话框

图 2-5　Solution Explorer 中的项目文件

　　API 控制器会处理机器人操作流。发送和接收消息例程就是可设置端点以便检查相关值的地方(见图 2-6)。

图 2-6　Visual Studio 中的 API 控制器

　　可以按下 F5 键运行这一默认程序，这样就会显示下面这个浏览器窗口(见图 2-7)。

图 2-7　网页浏览器中的 YodaBot 应用端点

　　现在，我们要修改这个程序以便让其成为真正的 YodaBot，在根对话代码中，我们可以修改 PostAsync 方法以便添加语音文本(见图 2-8)。

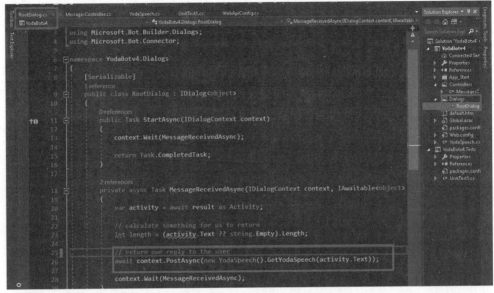

图 2-8　MessageReceivedAsync 代码

YodaSpeech 程序是单独编写的,可以从 MessageReceiveAsync 方法中调用(见图 2-9)。

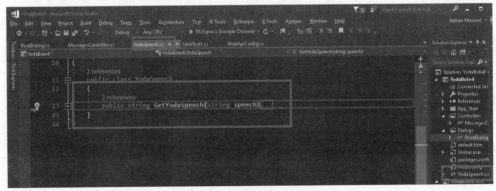

图 2-9　YodaSpeech.cs 文件

2.4.3　运行机制

现在,为了测试这个方法,我们要使用 Bot Framework Emulator。该模拟器非常易于使用。首先,可以启动该应用;其环境看起来就像一个美观的浏览器扩展(见图 2-10)。

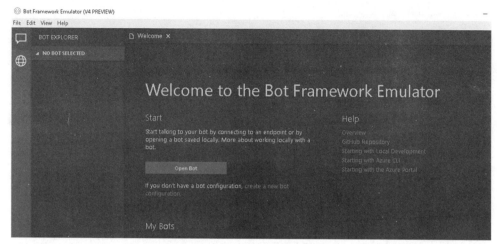

图 2-10　Bot Framework Emulator UI

现在该 Bot Framework 程序以及模拟器已经运行起来了，我们可以将所提供的 URL 用作机器人的一部分。这就需要将/api/messages 添加到 URL 的结尾处(见图 2-11)。

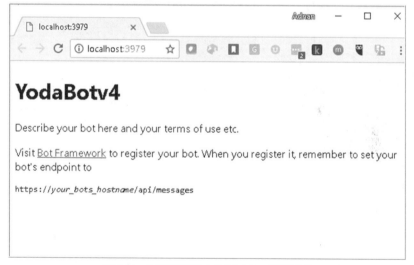

图 2-11　网页浏览器中的 YodaBot 应用端点

我们需要下载 ngrok.exe 来安装该模拟器。可以从 https://ngrok.com 下载该工具，它有助于通过安全隧道将 NAT 和防火墙背后的本地服务器暴露到公共互联网上(见图 2-12)。

可以从菜单中选择 File | New Bot 来设置新机器人的配置(见图 2-13)。

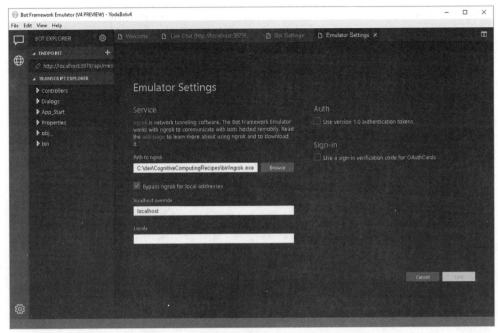

图 2-12 Bot Framework Emulator Settings 标签页

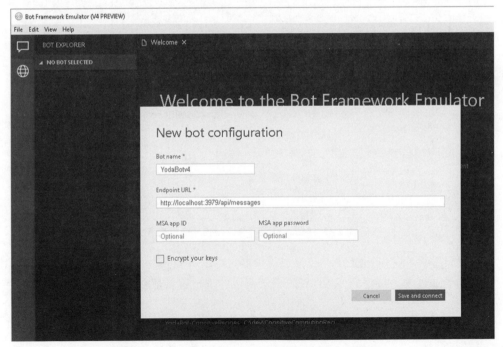

图 2-13 Bot Framework Emulator 中的新机器人配置窗口

可以在这个窗口中定义端点 URL,以便指向路径后面跟着/api/messages 的本地主机。然后单击图 2-13 中的 Save and connect 按钮,将该文件保存到<filename>.bot(见图 2-14)。

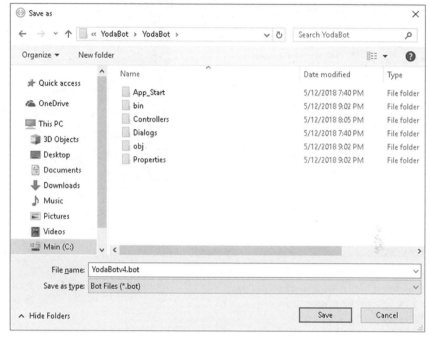

图 2-14　保存*.bot 文件

这样就完成了!我们已经全部完成了该应用的测试。可以使用一组语句来测试 YodaBot。比如像下面这样的语句:

- 我编写了一段很棒的代码示例(I made a fantastic code sample)。
- 我认为它们会让 Bot Framework 再次变得伟大(I think they will make Bot Framework great again)。
- 相对于《星球大战》前传三部曲,我更喜欢正传三部曲(I liked the *Star Wars* original trilogy more than the prequels one)。
- 你缺乏信仰这一点让我很不安(I find your lack of faith disturbing)。
- 我认为我们已经处理完了这些示例(I think we are done with the examples)。
- 他是你的儿子,维德(He is your son, Vader)。
- 我喜欢像 π 这样的常量(I love constants like π)。

在 Bot Framework Emulator 中输入文字的时候,它会运行该示例并且提供完整的端到端体验(见图 2-15)。

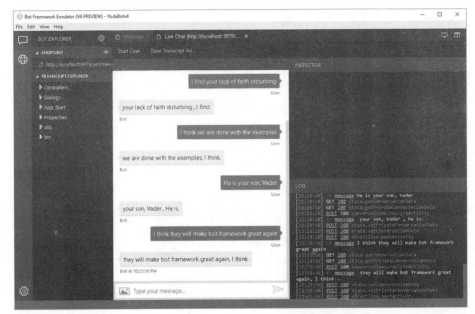

图 2-15 使用 Bot Framework Emulator 测试机器人

Bot Framework Emulator 会帮助可视化所发送的 JSON 包。通过单击一条消息，我们就能在检查器窗口中看到对应的 JSON 对象(见图 2-16)。

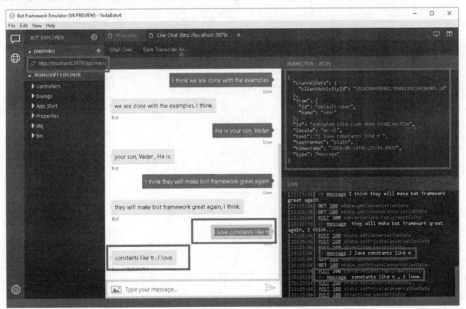

图 2-16 在 Bot Framework Emulator 中查看 JSON 包

2.5　攻略2-2：使用Azure Bot Service创建机器人

2.5.1　问题

现在我们已经看到了作为一个 SDK 的一部分而开发的机器人，那么我们如何才能更加高效地构建一个机器人呢？比如，使用一个服务，这个服务要提供工具用于构建、连接、测试、部署和管理能够通过多种不同模式和渠道进行自然交互的智能机器人。

2.5.2　解决方案

除了所有这些能力之外，Azure Bot Service 还提供了更多开箱即用的能力。Azure Bot 不仅提供了显而易见的托管服务的好处，还会帮助我们持续跟踪交互上下文，并且提供了常用模板以便加速开发过程。它还提供了与 Microsoft 认知服务以及诸如 Facebook、Slack、Microsoft Teams 等渠道的集成。

图 2-17 显示了 Azure Bot Service 生态系统，其中提供了操作、安全性、日志、审计以及集成支持，这些都是其服务的一部分。Azure Bot Service 支持各种用户输入，包括文本、语音和图片，同时支持各种渠道，如 Cortana、Skype、Kik、Slack、Facebook Messenger 等。机器人智能使用了 LUIS(Language Understanding Intelligent Service，语言理解智能服务)——后续章节将进一步探究它——还使用了对话管理、Q&A Maker 和翻译，并且可以帮助连接各种业务处理，比如业务应用程序、AWS/Azure 工作流、IFTTT 或者其他企业存储。

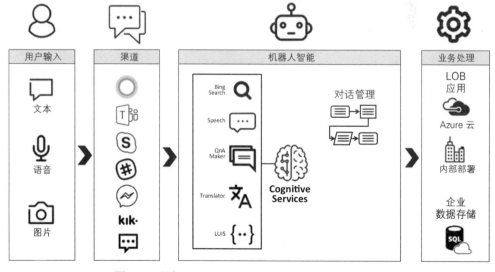

图 2-17 对话 AI——Azure Bot Service + Cognitive Services

2.5.3 运行机制

首先，在网页浏览器中打开 URL:https://dev.botframework.com/bots，应该会出现图 2-18 所示的界面。

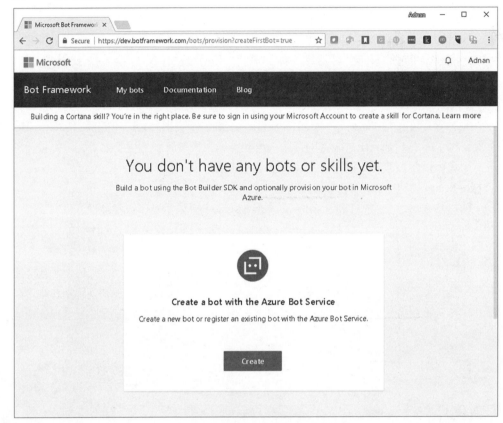

图 2-18 Azure Bot Service 门户

单击 Create 按钮，将出现如图 2-19 所示的界面，它会要求提供一些详细信息以便选择 Bot Service 选项。这些选项包括 Web 应用机器人、功能机器人以及机器人渠道注册。在这个示例中，我们要使用 Web App Bot 发布机器人，如图 2-19 所示。

作为 V3 模板的一部分，我们的可选项包括 Basic、form、LUIS、Q&A 和 Proactive 机器人模板；不过，为保持一致，我们将使用 SDK V4，它目前仅支持 V4 Basic 机器人类型(见图 2-20)。

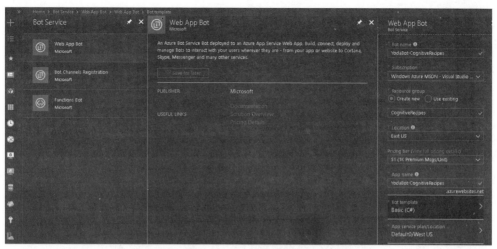

图 2-19　Azure Portal 中的 Bot Service 模板

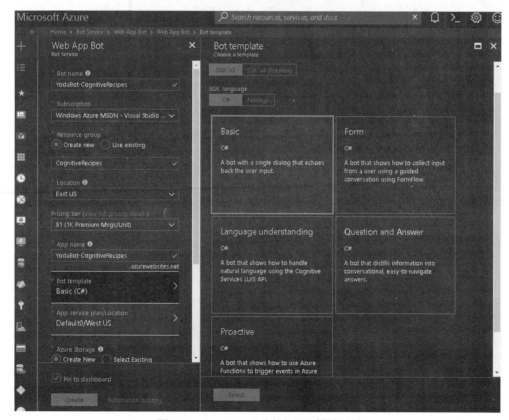

图 2-20　Azure Portal 中的机器人模板界面

在 SDK V4(Preview)区域，选择 C#作为 SDK 语言，并且选择 Basic V4(Preview)。还

需要在左侧填写详细信息，其中包括机器人名称、订阅方式、位置、定价层级、应用名称(azurewebsite 端点的名称)、机器人模板(C#或 Node)以及存储信息栏(见图 2-21)。

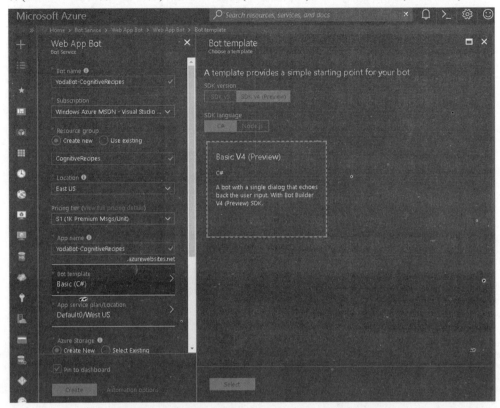

图 2-21　机器人模板界面中所选的 Basic V4(Preview)模板

一旦单击 Create 按钮，该机器人就准备好可供使用了，我们将看到图 2-22 中所示的消息传递端点。

图 2-22　Bot Service 消息传递端点

现在该消息传递端点就已经创建好并且可用了，我们可用各种方式测试这个机器人，比如使用 Azure Portal 中提供的测试能力，它位于 BOT MANAGEMENT 下的 Test in Web Chat 中(见图 2-23)。

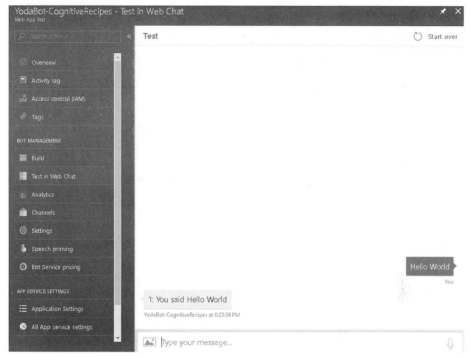

图 2-23　Azure Portal 中的 Test in Web Chat 界面

可以根据我们的服务级别需求来选择定价层级或者免费等级(见图 2-24)。可以在这里找到机器人定价信息：https://azure.microsoft.com/en-us/pricing/details/bot-service/。

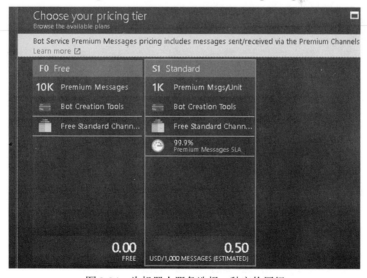

图 2-24　为机器人服务选择一种定价层级

　　此外，如果想要将 Azure 机器人与模拟器连接在一起，则需要应用设置参数，其中包括 MicrosoftAppid 和密码，可以从 Application Settings 菜单找到它们，如图 2-25 所示。

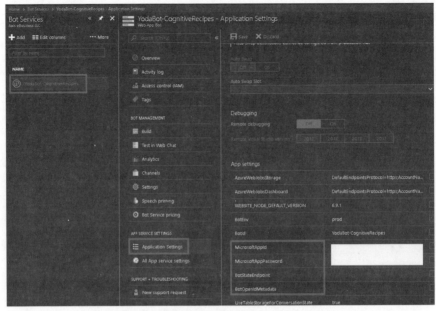

图 2-25　查看 Azure Bot Service 的应用设置

　　Azure Bot Service 和 Visual Studio 被无缝紧密地集成到一起，我们可以在应用内添加断点，并且使用云端集成对其进行测试。后面的攻略中将就这一点进行讲解。

　　作为对 Bot Builder SDK 的一种补充，探究 Bot Service 的另一种方式是直接从 Visual Studio 中发布用之前攻略构建的机器人(见图 2-26)。

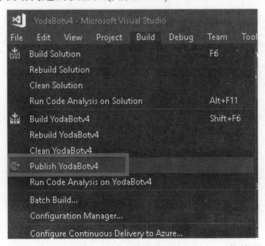

图 2-26　Visual Studio 中的 Publish Bot Service 菜单项

在 Visual Studio 中，右击我们的机器人项目并且选择 Publish to Azure。在机器人被发布之后，就需要注册它并且获取该 Web 应用在 Azure 中的消息传递端点 (https://xxxx.azurewebsites.net/api/messages)。

下一个攻略将介绍如何使用 Azure 赋能的 Q&A 服务来构建一个 Q&A 机器人。

2.6　攻略 2-3：构建一个问答机器人

2.6.1　问题

常见问题(FAQ)在企业 Web 应用程序中被广泛使用，以便维系客户以及跟上变化，另外也可以提供关于常见疑问的信息。将这些 FAQ 手动转换成交互式问答机器人对话接口，需要大量的训练和工作量。

2.6.2　解决方案

Microsoft Azure Bot Service 提供了 Q&A 机器人能力来应对这样的使用场景。我们可以采用任意一组常见问题，并且使用 Q&A 服务将其转换成交互式机器人接口。

2.6.3　运行机制

我们要研究一下可以使用自然语言与之交互的 Q&A 对话机器人的各个创建步骤。QnA Maker 将使用 KDNuggets 的 FAQs 作为其语料源和知识库。KDNuggets FAQs 的 URL 是 https://www.kdnuggets.com/2016/02/21-data-science-interview-questions-answers.html。

也可以尝试将另一个 FAQ URL 或文档用于我们的 QnA 机器人——可能是与我们所处公司更具相关性的内容。

概括而言，构建一个 QnA 机器人的步骤如下：

(1) 创建机器人服务和知识库(KB)。

(2) 训练和测试该服务。

(3) 发布 QnA 服务。

首先需要创建一个 Azure QnA Service，要为这个服务提供已有的 Q&A URL 或者其中写有问题和答案的文档作为语料源。

(1) 打开 https://qnamaker.ai/(见图 2-27)。

(2) 使用 Microsoft 账号和凭据登录(确保该凭据与用于登录 Azure Portal 的那些凭据是一致的)。

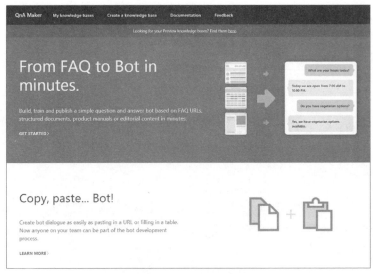

图 2-27 QnA Maker 主页

(3) 单击顶部菜单中的 Create a knowledge base 链接，如图 2-28 所示。

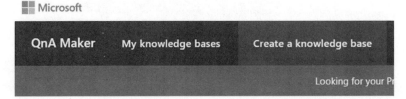

图 2-28 顶部菜单的 Create a knowledge base 链接

(4) 然后，单击 Create a QnA service 按钮(见图 2-29)。

图 2-29 单击 Create a QnA service 按钮

Azure Portal 将在一个单独的标签页中打开，其中会显示 QnA Maker 的 Create 界面。

(5) 在 Create 界面上，为 QnA 服务输入表 2-1 所示的设置，并且在完成时单击 Create 按钮。

表 2-1　设置和值

设置	值
名称	Data-Science-QnA(或者我们选择的一个名称)
订阅	(选择我们要订阅的内容)
管理定价层级位置	美国西部(或者最接近我们的地区)
资源分组	(选择一个资源分组或者创建一个新的分组)
搜索定价层级	(选择一个满足我们需要的定价层级)
搜索位置	美国西部(或者最接近我们的地区)
应用名称	Data-Science-QnA
网站位置	美国西部(或者最接近我们的地区)

(6) 在网页浏览器中回退到之前的标签页，其中打开了 QnA Maker 站点(见图 2-30)。在 Create a knowledge base 表单上，从对应的每个下拉框中，选择之前创建机器人服务所使用的 Microsoft Azure Directory ID、Azure subscription name 以及 Azure QnA service。

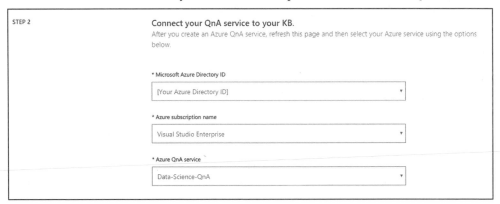

图 2-30　将 QnA 服务连接到知识库(KB)

(7) 输入知识库的名称(见图 2-31)。

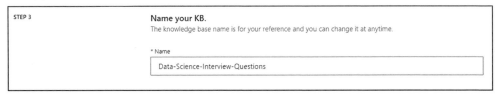

图 2-31　为知识库(KB)命名

(8) 要引入来自外部源的问题和答案，可以在表单 Populate your KB 区域 URL 标签下的文本框中输入以下链接(见图 2-32):

https://www.kdnuggets.com/2016/02/21-data-scienceinterview-questions-answers.html

单击 Add URL 链接以便添加问答页面的 URL。URL 添加好之后，就可以选择按需添加要爬取的额外 URL。

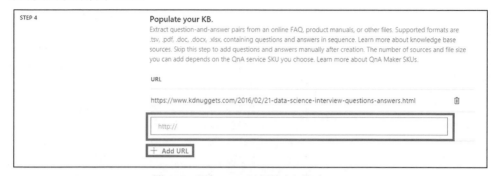

图 2-32 添加 URL 以便填充知识库(KB)

(9) 最后，在表单底部单击 Create your KB 按钮，以便启动问答页面爬取(见图 2-33)。

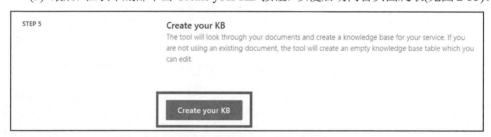

图 2-33 单击 Create your KB 按钮

然后将出现一条消息，表明将显示已爬取的 URL 页面内容。一旦创建好知识库，就应该能看到一个类似于图 2-34 所示的页面。

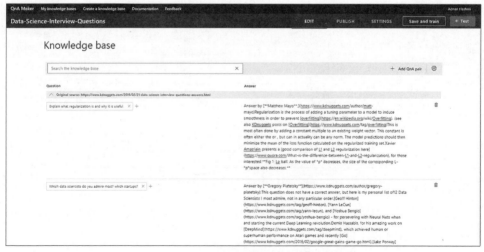

图 2-34 导入到已创建的知识库中的问题和答案

在这个页面上，我们还可以编辑答案，移除不需要的注释，或者进行修改。

1. 训练和测试 QnA 服务

(1) 单击页面右侧顶部的 Save and train 按钮，以便保存变更和训练 QnA 服务(见图 2-35)。

图 2-35　保存和训练 QnA 服务

现在已经创建了 QnA 服务，是时候测试(如有必要，还要重新训练)该服务了。

单击右上角的 Test 按钮，以便在界面右侧显示测试面板(见图 2-36)。

图 2-36　测试 QnA 服务

(2) 在测试面板上的文本框中输入 hello，并且在键盘上按下 Enter 键。

应该会出现一条 No good match found in KB 消息。

(3) 同样，在文本框中输入文本 what is regularization 并按下 Enter 键。

这一次，我们将看到来自知识库的响应(见图 2-37)。

图 2-37　QnA 服务测试面板

可使用多个可选短句，比如 what is regularization、define regularization、explain regularization、how to regularize 等。

2. 发布 QnA 服务

(1) 在完成 QnA 服务的测试和训练之后，可以通过单击顶部菜单中的 PUBLISH 按钮来发布它(见图 2-38)。

图 2-38　发布 QnA 服务

(2) 单击 Publish 信息界面上的 Publish 按钮(见图 2-39)。

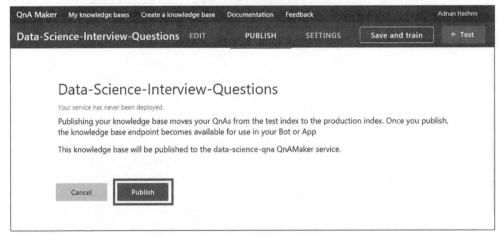

图 2-39　Publish 信息界面

QnA 服务将被发布，并且将显示一个成功页面，如图 2-40 所示。

提示：
图 2-40 中的 Endpoint key 已经被替换成[Some Guid]。

下一步，我们需要该知识库 ID 以及该端点密钥。

知识库 ID 就是图 2-40 中示例 HTTP 请求第一行中的 Guid，而端点密钥就是第 3 行上 EndpointKey 之后的 Guid。

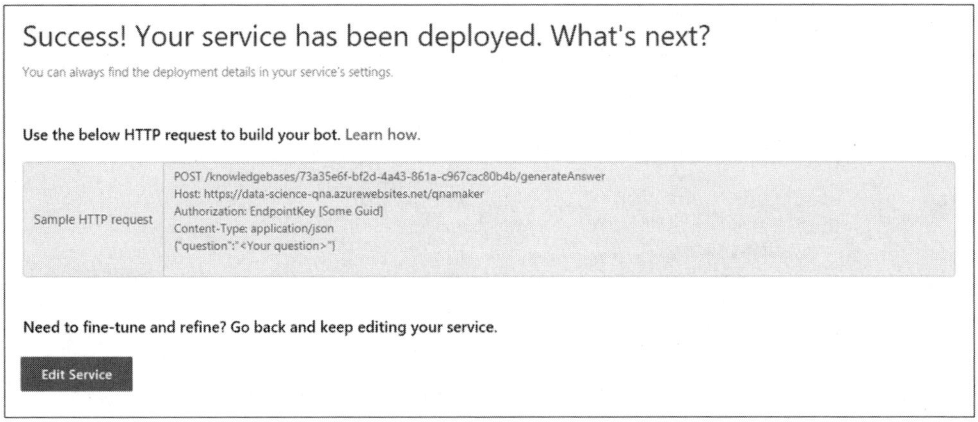

图 2-40 QnA 服务发布成功页面

3. 使用 Python 客户端程序消费该服务

现在 QnA 服务已经发布了，我们可以使用任意 RESTFul API 客户端或者编写自己的代码来测试该 Q&A。可以使用以下 Python 代码来消费该 QnA 服务：

```
import requests
import json

endpointKey = "<Endpoint key goes here>"
knowledgebaseId = "<Knowledge base Id goes here>"
url = 'https://data-science-qna.azurewebsites.net/qnamaker/knowledgebases/" +
knowledgebaseId + "/generateAnswer'

question = input("Enter your question here: ")
payload = {"question":question }
headers = {"Content-Type": "application/json",
"Authorization": "EndpointKey " + endpointKey
        }
r = requests.post(url, data=json.dumps(payload), headers=headers)

print(r.json()['answers'][0]['questions'])
print('Score: ', r.json()['answers'][0]['score'])
print(r.json()['answers'][0]['answer'])
```

可以直接在命令提示符中测试这段代码，如图 2-41 所示。

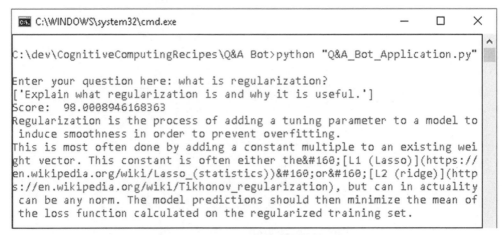

图 2-41　从 Python 代码中消费该 QnA 服务

2.7　攻略 2-4：数据中心健康监测机器人

几乎所有企业 IT 组织都在力求持续跟踪其大量的组织系统(以及构成那些系统的个体组件)、那些系统的状态和健康性，以及内在的组件。如果系统所有者由不同团队组成[通常会按照软件和基础设施(硬件)专家来划分团队]，那么所面临的挑战就会更加严峻。

一个典型的模拟企业数据中心中的一个系统宕机时的报警演习涉及弄明白构成该系统的个体组件或资源有哪些，其中哪些组件又可能是造成该故障的潜在肇事方，并且还要识别出那些子系统组件的所有者。

2.7.1　问题

诊断和修复数据中心中的系统故障所耗费的时长会造成 IT 无法满足为系统所设置的 RTO(Recovery Time Objective，恢复时间目标)，从而导致 SLA 不达标，造成可能的收益损失，以及对组织声誉造成不良影响。

与 IT 系统和资产有关的信息通常维护在很多数据源中，并且在所有可用信息之间进行筛选清理是一个非常烦琐且耗时的过程。即使所有信息都存储在一个中央系统中——比如，CMDB(配置管理数据库)——但过多的界面和报表也会让正确信息的查找变得低效。

2.7.2 解决方案

精心设计的 IT 资产管理系统可减少支持团队尝试从灾难中恢复系统时所面临的大量问题。不过，数量庞大的可用数据点以及即时连接所有信息片段的需要使得自动化和某种形式的对话接口的创建变得合情合理。对话接口或者机器人允许相关干系人使用自然语言查询信息，之后它会以一种更有效的方式从底层配置项数据存储中检索所请求的信息，并且向相关干系人描述响应。

不同的组织可能会尝试根据其独特的需求和路线图来设计其系统。图 2-42 展示了一个数据中心健康监测机器人的时序图。

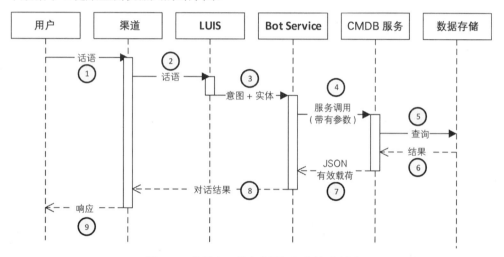

图 2-42 数据中心健康监测机器人的时序图

2.7.3 运行机制

以下步骤对应于图 2-42 中揭示的时序图序号标签。

(1) 用户使用一个渠道 UI 与机器人通信，该 UI 允许将自然语言查询提交到机器人。

(2) 通过渠道(Skype、Microsoft Teams 等)暴露的机器人会将用户话语传递给 LUIS.ai 服务。

(3) LUIS 服务会提取用户意图和实体，并且将它们发送到机器人应用端点。

(4) 机器人应用端点由基于所判定意图对相关服务进行调用的逻辑构成。

(5) 继而服务会从数据存储中检索数据或者调用另一个服务。

(6) 检索到的结果会被返回给调用服务代码。

(7) 服务会将 JSON 结果传递回 Bot Service 应用代码。

(8) Bot Service 应用会将接收到的结果格式化或者组织成自然语句，并且通过渠道显示它们。

(9) 渠道 UI 会以文本或音频的形式将自然语言响应呈现给用户。

在进一步研究创建对话机器人所需的步骤之前，我们来看看对话机器人上下文中的话语、意图和实体分别指的是什么。

- **话语**：指的是来自人类用户的自然语言输入；例如，在与数据中心对话机器人的交流中，某个人可能会说这样的话，"谁是 Genesis 应用的所有者？"或者"谁负责 Genesis 应用？"
- **意图**：判定操作人员提供给对话机器人的输入是期望达成什么目标。在前面的示例中，用户的意图就是找出某个应用所有者的姓名。使用 LUIS，机器人开发人员就可以轻易地指定一组预先定义的意图。在这个示例中，其意图可以直接被称为 GetApplicationOwner 或 Application.GetOwner(意图直接表示一个字符串值，名称中使用句点只是为了遵循某种命名规范)。
- **实体**：表示话语中包含的一类值，通常是名词。在我们的示例中，Genesis 是一个应用的名称，并且可以用任意数量的应用名称进行替换。为了让对话机器人可以判定用户话语指的是什么对象，就需要在预先定义的实体中包含这个值；这个示例中就是 Application 实体。

本攻略的其余内容将阐述如何才能创建数据中心对话机器人以便应对"问题"一节中所表述的场景。

概括来说，创建该解决方案的步骤如下：

(1) 创建一个 Bot Service 应用。

(2) 训练该机器人以便从用户话语中提取意图和实体。

(3) 在 Visual Studio 2017 中编写代码。

现在基于这些步骤中的每一个进行扩展讲解。

1. 创建 Bot Service 应用

下面是其处理过程：

(1) 使用网页浏览器导航到 Azure Portal(https://portal.azure.com)，并且使用我们的凭据进行登录。

(2) 单击菜单界面左上角的 Create a resource 菜单，然后单击 See all 按钮(见图 2-43)。

(3) 在搜索框中，输入 bot 并在键盘上按下 Enter 键。

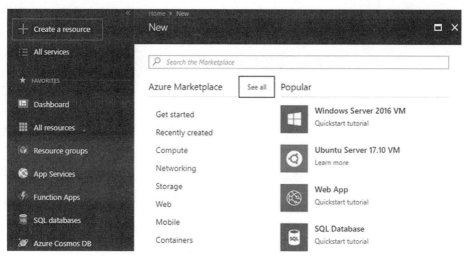

图 2-43　使用 Azure Portal 创建一个资源

(4) 单击搜索结果中的 Web App Bot 模板(见图 2-44)。

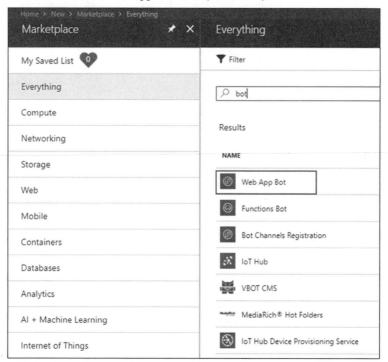

图 2-44　Web App Bot 资源类型

(5) 单击 Welcome 界面上的 Create 按钮。

(6) 在 Web App Bot 界面上，填写表 2-2 所示的信息，然后单击底部的 Create 按钮(见图 2-45)。

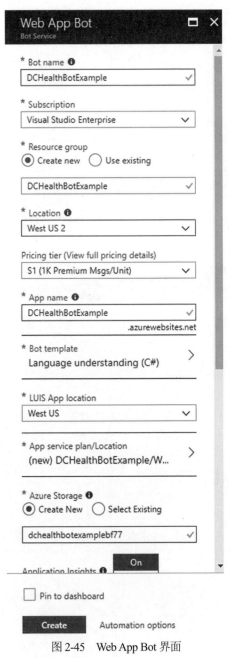

图 2-45　Web App Bot 界面

表2-2　属性和值

属性	值
机器人名称	DCHealthBotExample
订阅	[选择你的订阅名称]
资源组	Greate new
	DCHealthBotExample
位置	[从下拉框中选择最近的位置]
定价层级	[选择一种合适的定价层级]
应用名称	DCHealthBotExample
机器人模板	Language Understanding(C#)
LUIS 应用位置	West US
应用服务计划/位置	(new)DCHealthBotExample/West US 2
Azure 存储	Greate new
	DCHealthBotExamplebf77
Microsoft 应用 ID 和密码	自动创建应用 ID 和密码
确认通知	勾选

(7) 机器人部署完成后，导航到 DCHealthBotExample 服务，并且单击主界面中的 Test in Web Chat(见图 2-46)。

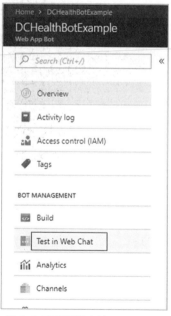

图 2-46　该 Web 应用机器人的 Test in Web Chat 选项

(8) 输入 Hello 或其他一些文本，以确保该机器人服务正常工作(见图 2-47)。

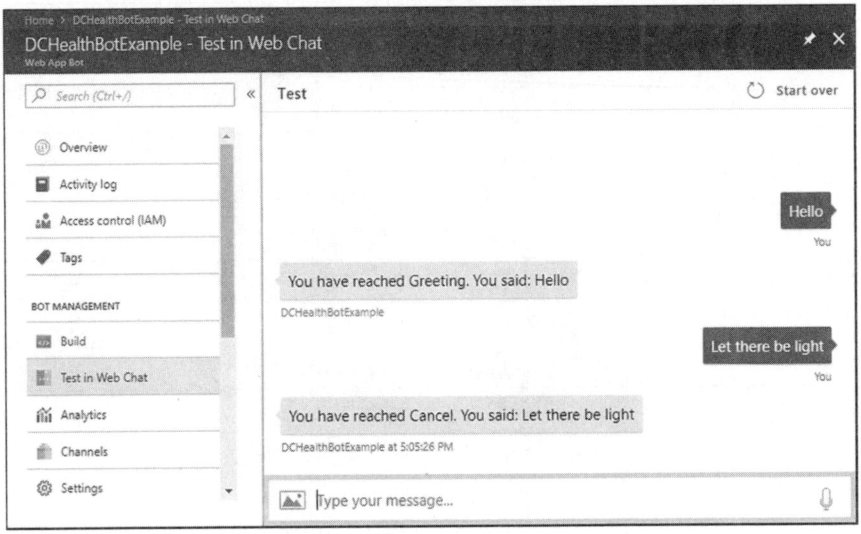

图 2-47　Test in Web Chat 界面

2. 训练机器人以便从用户话语中提取意图和实体

这一节将为对话机器人创建实体和意图。表 2-3 列出了除用户话语之外的实体和意图，它们使得对话机器人可以判定所请求的内容。

表 2-3　意图和实体

示例话语	意图	实体
"Application [X]的状态是什么？" "给我 Application [X]的指标。" "Application [X]的健康状况如何？" "Application [X]运行得如何？"	Application.GetHealth	Application.Name
"列出 Application [X]的组件。" "Application [X]的构造块是什么？"	Application.GetComponents	Application.Name
"为 Application [X]创建一个高重要性的服务台票据，并且将其分配给团队[Y]。"	Ticket.CreateIncident	Application.Name Ticket

这并非数据中心健康监测对话机器人必须要处理的所有话语的完整列表，不过我希望将这个攻略限制为一组常见示例。

训练模型以便处理前面所列意图和实体的步骤如下：

(9) 导航到 https://www.luis.ai 的 Language Understanding(LUIS)站点(见图 2-48)。

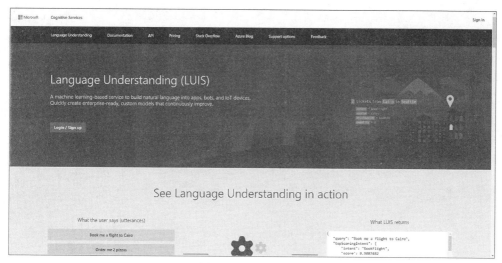

图 2-48　LUIS.ai 主页

(10) 使用上一节中用于登录 Azure Portal 的同一账户凭据登录。

(11) 在使用 Azure Portal 创建的 My Apps 下方单击该 Bot Service 应用(见图 2-49)。

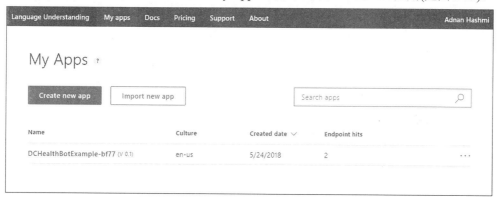

图 2-49　LUIS.ai 门户上的 My Apps 页面

单击应用名称会打开 Intents 界面,这个界面会列出创建 LUIS 应用时所创建的四个默认意图。可以单击每一个意图以便探究与之相关的话语(见图 2-50)。

我们需要为这个攻略创建以下四个实体:

    a. Application.Name

    b. Ticket.Owner

    c. Ticket.Severity

    d. Ticket

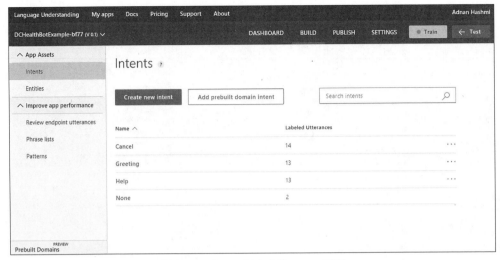

图 2-50　LUIS.ai 门户上的 Intents 页面

(12) 单击左侧面板中 App Assets 下的 Entities 链接(见图 2-51)。

图 2-51　Entities 页面上的 Create new entity 按钮

(13) 单击 Create new entity 按钮。

(14) 在弹出的对话框中，输入 Application.Name 作为 Entity name，选择 Simple 作为 Entity type，并且单击 Done 按钮(见图 2-52)。

(15) 单击 Create new entity 按钮，在弹出的对话框中，输入 Ticket.Owner 作为 Entity name，选择 List 作为 Entity type，并且单击 Done 按钮(见图 2-53)。

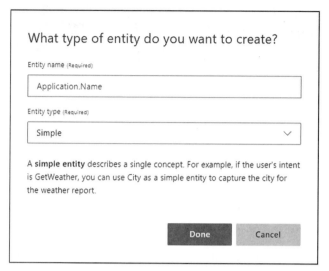

图 2-52　创建 Application.Name 实体

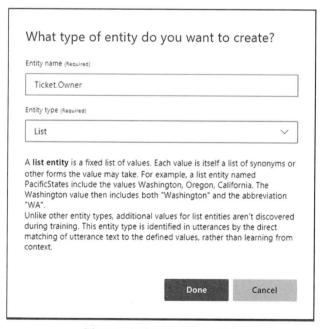

图 2-53　创建 Ticket.Owner 实体

(16) 在 Values 下方的文本框中，输入 Development 并且按下 Enter 键。所输入的值将被添加到值列表(见图 2-54)。

(17) 为另外两个值重复步骤(8)：Database 和 Infrastructure。

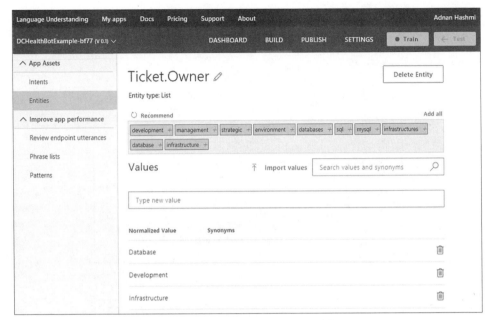

图 2-54 为 Ticket.Owner 实体指定值

(18) 单击左侧导航中的 Entities 链接并且重复步骤(15)~(17)，以便创建名称为 Ticket.Severity 的实体以及将 List 用作实体类型。

指定 High、Medium 和 Low 作为 Ticket.Severity 实体的值(见图 2-55)。

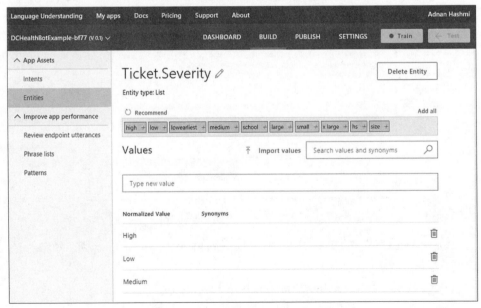

图 2-55 指定 Ticket.Severity 实体的值

(19) 单击左侧导航中的 Entities 链接，然后单击 Create new entity 按钮。

在弹出的对话框中，输入 Ticket 作为实体名称并且选择 Composite 作为实体类型。

(20) 单击Add a child entity链接并且从下拉框中选择Application.Name作为Child entity。

重复步骤(12)以便添加另外两个子实体：Ticket.Severity 和 Ticket.Owner。

在完成时单击 Done 按钮(见图 2-56)。

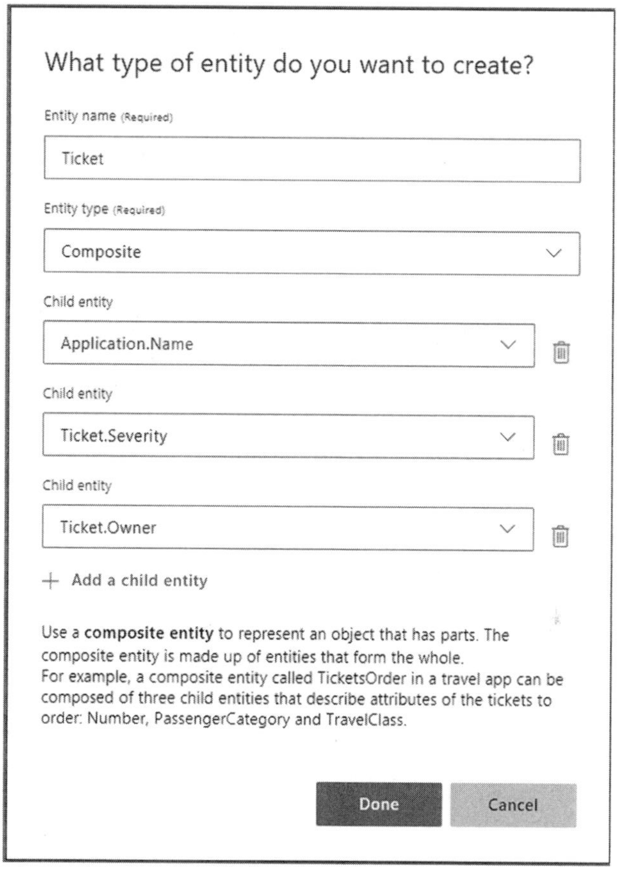

图 2-56　创建一个复合实体

以下步骤适用于之前概述过的三个意图的创建过程：

    a. Application.GetHealth

    b. Application.GetComponents

    c. Ticket.CreateIncident

(21) 单击左侧导航中的 Intents 链接，然后单击 Create new intent 按钮。

(22) 在 Create new intent 对话框中输入 Application.GetHealth 作为 Intent 名称，并且单击 Done 按钮(见图 2-57)。

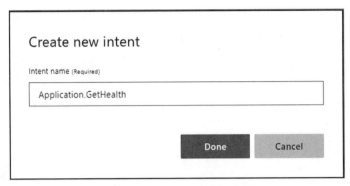

图 2-57　Create new intent 对话框

(23) 重复步骤(22)和(23)以便创建另外两个意图：Application.GetComponents 和 Ticket.CreateIncident(见图 2-58)。

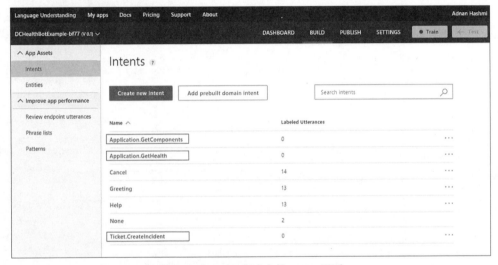

图 2-58　LUIS.ai 门户上的 Intents 界面

(24) 在 Intents 界面上，单击 Application.GetHealth 链接。

(25) 在 Intents 界面上的文本框中输入 what is the status of application X?，并且在键盘上按下 Enter 键。

所输入的文本将被添加到该文本框下方的 Utterances 列表中。

(26)将鼠标移动到文本中的 X 上方(这样就会在其周围显示一个中括号)，然后单击并从弹出菜单中选择 Application.Name。

所输入文本中的[X]会被高亮的 Application.Name 所替换(见图 2-59)。

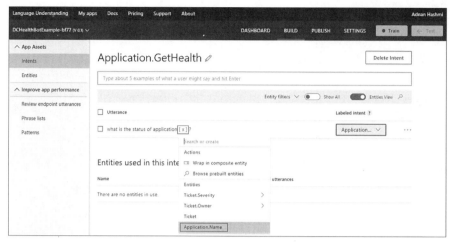

图 2-59 标记话语文本中的实体

(27) 重复步骤(26)和(27)以便输入以下额外语句，将鼠标移到 X 上方并且为每个输入的话语选择 Application.Name(见图 2-60)：

 a. 给我 Application X 的指标。

 b. Application X 的健康状况如何？

 c. Application X 的性能如何？

 d. 告诉我 Accounting 应用的健康状况。

 e. 显示 Genesis 应用的状态。

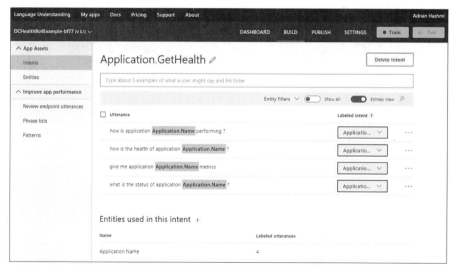

图 2-60 话语内标记的实体

(28) 单击左侧导航中的 Intents 链接，然后单击 Application.GetComponents。

(29) 输入以下两个示例话语：

　　a. 列出 Application X 的组件。

　　b. Application X 的构造块是什么？

可以观察到，这一次 Application.Name 被自动选取为所输入话语的实体(见图 2-61)。

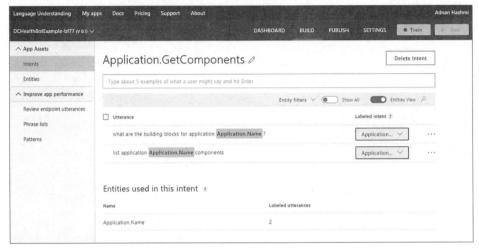

图 2-61　多个话语中标记的实体

(30) 单击左侧导航中的 Intents 链接，然后单击 Ticket.CreateIncident。

(31) 在文本框中输入话语"为 Application X 创建一个高重要性的服务台票据，并且将其分配给团队 Y"。

(32) 为该话语选择之前创建的合适实体(见图 2-62)。

图 2-62　一个话语中标记的实体

现在已经创建了所有的实体和意图，可以训练系统以便生成一个被该机器人应用所使用的模型。

(33) 单击界面右上角的 Train 按钮。

完成之后，Train 按钮上的红色图标将变成绿色。

(34) 单击界面右上角的 Test 按钮以便显示 Test 面板。

(35) 在测试话语文本框中输入"显示 Accounting 应用的健康状况"并按下 Enter 键(见图 2-63)。

图 2-63　使用测试话语测试模型

单击 Inspect 链接以便查看意图置信度(范围在 0 和 1 之间，并且会显示在括号中)和所提取出的实体值。

(36) 最后，单击界面右上角的 PUBLISH 链接，然后单击 Publish 按钮(见图 2-64)。

3. 在 Visual Studio 2017 中编写代码

为了让机器人可以处理用户话语，机器人代码需要与上一节中所创建的 LUIS 服务通信。当我们在 Azure 中创建一个 Bot Service 应用时，Microsoft 会替我们生成一个 Visual Studio 解决方案样板。这一节会假设大家已经安装了 Microsoft Bot Emulator 和 Visual Studio 模板(参阅下载链接处的 QnA Bot 攻略)。

(1) 导航到之前使用 Azure Portal 创建的 Bot Service 应用，并且单击 Navigation 界面中 Bot Management 下方的 Build 链接。

(2) 单击 Download zip file 按钮以便下载创建 Bot Service 应用时自动生成的 Visual Studio 解决方案(见图 2-65)。

(3) 将所下载的 zip 文件解压到选择的文件夹。

(4) 在 Visual Studio 2017 中打开解压内容中包含的解决方案文件(*.sln)。

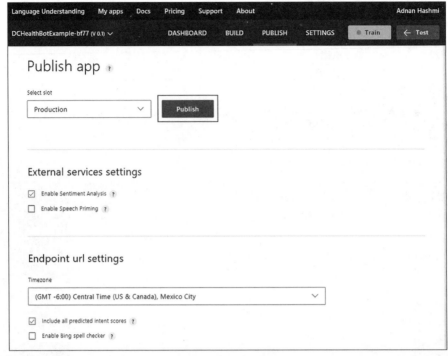

图 2-64 Publish app 界面

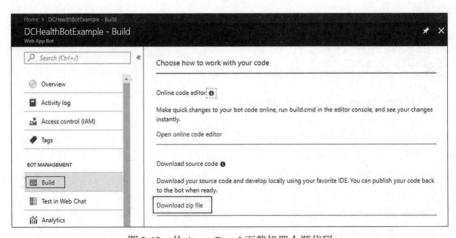

图 2-65 从 Azure Portal 下载机器人源代码

(5) 在 Solution Explorer 中双击 Web.config 文件以便打开它，然后在 appSettings 节中添加以下四个配置设置：

```
<add key="LuisAppId" value="" />
<add key="LuisAPIKey" value="" />
```

```
<add key="LuisAPIHostName" value="" />
<add key="AzureWebJobsStorage" value="" />
```

之前下载的代码中引用了上面这些配置设置。如果没有在 Web.config 文件中指定配置设置及其值而又尝试运行代码的话，就会出现运行时错误。

(6) 要获取配置设置的值，可以导航到在 Azure Portal 中创建的 Bot Service 应用，并且单击主界面中 APP SERVICE SETTINGS 下方的 Application Settings。

(7) 找到前面的四个配置设置，并且将每一个设置的值复制到 Visual Studio 2017 中的 Web.config 文件(见图 2-66)。

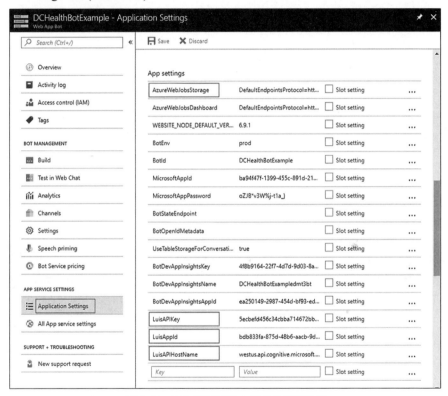

图 2-66　Web 应用机器人服务的应用设置

(8) 可以通过单击 Build | Build Solution 或者在键盘上使用 Ctrl+Shift+B 快捷键来构建该解决方案(如果出现表示该解决方案无法编译的错误消息，则可能需要将所安装的 NuGet 包更新到正确版本)。

(9) 在 Visual Studio 2017 的顶部工具条中单击 Run 图标，以便执行所构建的解决方案。

在网页浏览器中将打开该应用(见图 2-67)。

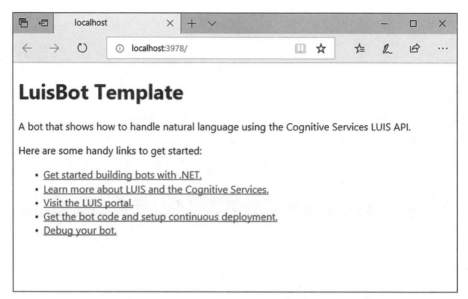

图 2-67 运行在网页浏览器中的机器人 Web 应用

(10) 从网页浏览器的地址栏中复制该应用的 URL(后面跟有一个端口号的 localhost)。

(11) 应用运行起来之后,打开 Bot Framework Emulator,将所复制的后面带有 /api/messages 的 URL 粘贴到地址栏,并且单击 CONNECT 按钮(见图 2-68)。

图 2-68 使用 Bot Framework Emulator 连接到 Bot Service 端点

(12) 一旦连接上，在消息框中输入 hello 并且按下 Enter 键(见图 2-69)。

图 2-69　使用 Bot Framework Emulator 测试 Bot Service 端点

现在要添加代码，以便基于所判定的意图响应用户话语。

(13) 在 Visual Studio 中停止运行解决方案，并且在 Solution Explorer 中双击 BasicLuisDialog.cs 以便打开该文件。

BasicLuisDialog.cs 代码文件包含已经添加的四个默认意图(见图 2-70)。

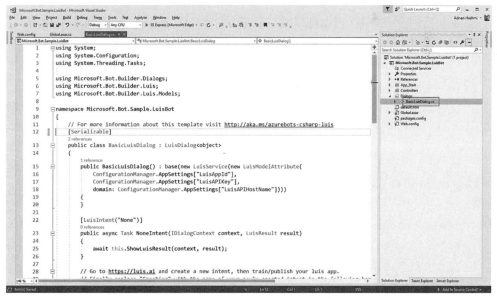

图 2-70　Visual Studio 2017 中的 BasicLuisDialog.cs 文件

(14) 为了处理 Application.GetHealth 意图，要将以下代码添加到 BasicLuisDialog.cs
文件中：

```
[LuisIntent("Application.GetHealth")]
public async Task ApplicationHealthIntent(IDialogContext
context, LuisResult result)
{
  await this.ShowApplicationHealth(context, result);
}
private async Task ShowApplicationHealth(IDialogContext
context, LuisResult result)
{
  string appName = result.Entities[0].Entity;
  string status = DCHealthBot.Helper.
  GetApplicationHealth(appName);

  await context.PostAsync($"The current health of the
  application is {status}.");
  context.Wait(MessageReceived);
}
```

当 LUIS 端点从用户话语中判定其意图是 Application.GetHealth 时，就会调用
ApplicationHealthIntent 异步任务。

上面代码中所使用的 DCHealthBot.Helper 类封装了从相关 API 或 CMDB 中检索应
用健康状况的逻辑，不过这超出了本书范畴，就不做讲解了。

(15) 要测试前面的代码，可以在 Visual Studio 2017 中构建和执行该解决方案，当网
页浏览器打开时，同时也会打开 Bot Framework Emulator，并且像之前讲解的那样连接到
端点。

(16) 输入文本"告诉我 Accounting 应用的状态"。

前面的代码将会判定其意图，从后端系统或API检索状态，并且返回结果(见图2-71)。

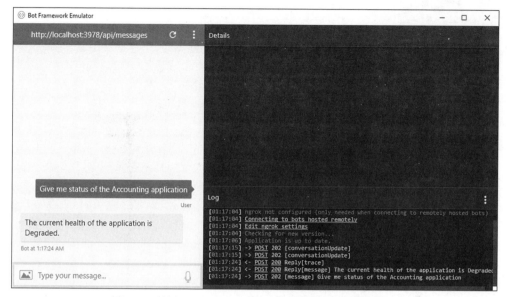

图 2-71 使用 Bot Framework Emulator 测试 Bot Service 端点

2.8 通过Resource Manager模板设置Azure部署

当自动化机器学习管道处理过程时，通过基于 Web 的用户界面来管理工作流的方式可能是最糟糕的方式。推荐的方法是通过 Azure PowerShell 借助 Resource Manager 模板并使用脚本将资源部署到 Azure(goo.gl/YpK3t1)，或者通过代码来实现。

以下代码片段展示了如何才能通过一个 Resource Manager 模板并且借助辅助类来设置 Azure 部署。可以使用这段代码生成 Resource Manager 客户端，创建并且验证资源组是否存在，并且启动部署。

```
// Requires the following Azure NuGet packages and related dependencies:
// package id="Microsoft.Azure.Management.Authorization" version="2.0.0"
// package id="Microsoft.Azure.Management.ResourceManager" version=
    "1.4.0-preview"
// package id="Microsoft.Rest.ClientRuntime.Azure.Authentication"
    version="2.2.8-preview"
using Microsoft.Azure.Management.ResourceManager;
using Microsoft.Azure.Management.ResourceManager.Models;
using Microsoft.Rest.Azure.Authentication;
using Newtonsoft.Json;
```

```csharp
using Newtonsoft.Json.Linq;
using System;
using System.IO;

namespace PortalGenerated
{
  /// <summary>
  /// This is a helper class for deploying an Azure Resource Manager
      template
  /// More info about template deployments can be found here https://
      go.microsoft.com/fwLink/?LinkID=733371
  /// </summary>
  class DeploymentHelper
  {
    string subscriptionId = "your-subscription-id";
    string clientId = "your-service-principal-clientId";
    string clientSecret = "your-service-principal-client-secret";
    string resourceGroupName = "resource-group-name";
    string deploymentName = "deployment-name";
    string resourceGroupLocation = "resource-group-location"; // must
    be specified for creating a new resource group
    string pathToTemplateFile = "path-to-template.json-on-disk";
    string pathToParameterFile = "path-to-parameters.json-on-disk";
    string tenantId = "tenant-id";
    public async void Run()
    {
      // Try to obtain the service credentials
      var serviceCreds = await ApplicationTokenProvider.
      LoginSilentAsync(tenantId, clientId, clientSecret);
      // Read the template and parameter file contents
      JObject templateFileContents = GetJsonFileContents
      (pathToTempla teFile);
      JObject parameterFileContents = GetJsonFileContents
      (pathToParam eterFile);
      // Create the resource manager client
```

```
var resourceManagementClient = new ResourceManagementClient
(serviceCreds);
resourceManagementClient.SubscriptionId = subscriptionId;
// Create or check that resource group exists
EnsureResourceGroupExists(resourceManagementClient,
resourceGroupName, resourceGroupLocation);
// Start a deployment
DeployTemplate(resourceManagementClient, resourceGroupName,
deploymentName, templateFileContents, parameterFileContents);
}
/// <summary>
/// Reads a JSON file from the specified path
/// </summary>
/// <param name="pathToJson">The full path to the JSON file</param>
/// <returns>The JSON file contents</returns>
private JObject GetJsonFileContents(string pathToJson)
{
  JObject templatefileContent = new JObject();
  using (StreamReader file = File.OpenText(pathToJson))
  {
    using (JsonTextReader reader = new JsonTextReader(file))
    {
      templatefileContent = (JObject)JToken.ReadFrom(reader);
      return templatefileContent;
    }
  }
}
/// <summary>
/// Ensures that a resource group with the specified name exists.
If it does not, will attempt to create one.
/// </summary>
/// <param name="resourceManagementClient">The resource manager
client.</param>
/// <param name="resourceGroupName">The name of the resource
group.</param>
```

```
/// <param name="resourceGroupLocation">The resource group
location. Required when creating a new resource group.</param>
private static void EnsureResourceGroupExists(ResourceManagement
Client, string resourceGroupName, string resourceGroupLocation)
{
  if (resourceManagementClient.ResourceGroups.CheckExistence
  (resourceGroupName) != true)
  {
    Console.WriteLine(string.Format("Creating resource
    group '{0}' in location '{1}'", resourceGroupName,
    resourceGroupLocation));
    var resourceGroup = new ResourceGroup();
    resourceGroup.Location = resourceGroupLocation;
    resourceManagementClient.ResourceGroups.CreateOrUpdate
    (resourceGroupName, resourceGroup);
  }
  else
  {
    Console.WriteLine(string.Format("Using existing resource
    group '{0}'", resourceGroupName));
  }
}
/// <summary>
/// Starts a template deployment.
/// </summary>
/// <param name="resourceManagementClient">The resource manager
client.</param>
/// <param name="resourceGroupName">The name of the resource
group.</param>
/// <param name="deploymentName">The name of the deployment.
</param>
/// <param name="templateFileContents">The template file
contents.</param>
/// <param name="parameterFileContents">The parameter file
contents.</param>
```

```
private static void DeployTemplate(ResourceManagementClient,
string resourceGroupName, string deploymentName, JObject
templateFileContents, JObject parameterFileContents)
{
  Console.WriteLine(string.Format("Starting template
  deployment '{0}' in resource group '{1}'", deploymentName,
  resourceGroupName));
  var deployment = new Deployment();
  deployment.Properties = new DeploymentProperties
  {
    Mode = DeploymentMode.Incremental,
    Template = templateFileContents,
    Parameters = parameterFileContents["parameters"].
    ToObject<JObject>()
  };
  var deploymentResult = resourceManagementClient.Deployments.
  CreateOrUpdate(resourceGroupName, deploymentName, deployment);
  Console.WriteLine(string.Format("Deployment status: {0}",
  deploymentResult.Properties.ProvisioningState));
  }
 }
}
```

第3章

眼见为实：自定义视觉

"如果我们想要机器思考，就需要教会它们观察。"

——李飞飞，斯坦福教授和 Google Cloud AI/ML 的首席科学家

"我们的任务是将 AI 能力赋予地球上的每一个开发人员和每一个组织，并且会以独特且差异化的方式帮助企业增强人类的创造力……一旦通过服务创建和训练好自定义视觉模型，那么剩下的事情就是进行几次单击以便从服务中导出模型。这就使得开发人员可以快速地将其自定义模型应用到任何环境，无论其场景要求其模型运行在内部部署上，还是运行在云端，或要运行在移动设备和边缘设备上。这样的方式让开发人员可以用最灵活且最简单的方式在几分钟内导出和嵌入自定义视觉模型，而没有任何编码工作。"

——Joseph Sirosh，Microsoft 人工智能和研究全球副总裁

人工智能和机器学习环境中的计算机视觉技术的集成和使用，已经成为引起学术界和产业界巨大关切的一个主题。随着计算能力的增长，新的算法和技术已经产生，可用于下一代计算机视觉研究和开发。

所有的主流平台都提供了计算机视觉 API，借助它们可以创建基于 AI 的应用，并且可以内部部署和在云端部署。虽然计算机视觉通常被定义为机器"看见"图片的能力，类似于人类看见东西的方式，其实现涵盖了各种场景，比如各种细粒度任务，包括图像分类，对象检测，图像分割，相似度分析，标记各种对象，特征提取，自动添加说明，自动生成稠密的描述，还涵盖了较大型且更全面的任务，比如弄清楚特定图像或视频帧是由哪些对象构成的。诸如 Microsoft Cognitive Services 的计算机视觉 API 和服务，应对的是在图像和视频形式中处理的可视化信息。

计算机视觉 API 有助于从图像中提取出与其内容有关的丰富的上下文相关的信息，以便帮助解决现实问题，比如零售货架库存分析，通过无人机对管道和长距离传输线缆

进行异常检测，放射性图像中的焊接缺陷，车牌自动识别，实时人体动作识别，以及医学影像等。深度学习在此方面不可思议的效果导致神经网络之父 Geoffrey Hinton 说，"很明显我们不应再培养放射学专家了。"他进一步阐述，随着图像认知算法变得明显比人类更好，"我认为作为放射学专家，他们就像是漫画里的大笨狼怀尔一样，其实身体已经越过了悬崖边缘，但他们还没有意识到这一点。他们已经没有容身之所了。"

Hinton 关于医学界的陈述引发了一些争议，不过如今用于从图像中提取与其内容有关的丰富信息、获取图像文本描述的智能说明，检测 BMI(体质指数)、性别和年龄，以及不雅/成人内容检测的专业方法已经在内容审核方面有了真实用例，以便评估文本、图像和视频中是否存在不良内容。

Cognitive Services 视觉 API 还包含情绪 API，它可以对人脸进行分析以便检测各种情绪，比如生气、快乐、悲伤、恐惧和惊讶。人脸 API 可以检测人脸，对比相似的人脸，并且可以根据视觉相似度来帮助对人群进行分组，还可以在图像中识别出去之前标记过的人——比如人脸确认。Cognitive Services 视频 API 支持智能化视频处理，以便进行人脸检测，运动检测，生成缩略图，以及对物体进行近实时视频分析，比如为每一帧编写说明。

本章还会讲解自定义视觉服务的使用，以及 CNTK 的使用。这是为了帮助我们应对需要对较广泛的对象和场景执行图像识别的用例。自定义视觉允许我们创建自定义图像分类器，通常是专注于某个特定领域，比如零售、医疗、金融科技等。举个例子，我们可以训练一个自定义视觉服务来识别不同的处方或表格类型，然后使用应用程序、服务、手机或边缘设备通过 REST API 来消费这个模型。这些能力也适用于视频分析，其中的视频索引器会从视频中提取出见解以便执行面部识别、情绪分析以及自动添加说明。在零售行业，这些能力对于检测购物者在零售展柜前的情绪特别有用——比如情绪检测——以便检测购物者的感兴趣程度或者在智能展示设备上展示个性化推荐商品；这些能力还可以用于检测授权登录；或者计算人口统计学目标定位以及兴趣点的男/女比例。在零售陈列和实体店中，理解达成交易的用户行为、维系客户以及向上销售法有助于交付更好的产品体验或者发现产品升级的机会。实时 A|B 多变量目标——比如，使用不同的图像、设计和用户元素进行实验，包括用户定义的上传项以及自定义图像——可以通过自定义视觉 API 所提供的能力来支持，其中不需要或者只需要极少的人工交互。

计算机视觉领域中与人道主义、安全性以及保障性相关的用例非常多。工作区域的安全性和警报、审计、日志记录和跟踪的能力，用于找到失踪儿童的面部识别，搜寻人口贩卖受害者，以及提供自然语言对象识别来帮助盲人阅读菜单，这些仅仅是冰山一角。视频数据的使用还包括像提供日常日志信息的智能门铃这样的功能，这些日志可以告知我们来访者是快递人员、邮递员、家庭成员、路过的邻居家的狗等，视频数据还可以用于婴儿看护！

言归正传，接下来我们要研究其实现攻略以及如何用代码和 Cognitive Services 门户来实现这些处理。

3.1　热狗，非热狗

如果没有包含典型的热狗/非热狗示例，那么一本关于计算机视觉的书籍就是不完整的。深度神经网络的 MNIST，其中包含用于图像分类的热狗/非热狗数据集。这些图片的实用性将保持模糊，以便让还未看过 HBO 剧集《硅谷》的读者保持新鲜感。

正如 *XKCD* 1425(https://xkcd.com/1425/)所指出的，要用 CS 来解释看似简单的任务和几乎不可能完成的任务之间的差异显然是非常困难的。猫和狗的分类识别曾经就是这样一种难以完成的任务。在下面的示例中，我们将看到如何使用自定义视觉并借助一个小型食物数据集来完成图像分类任务。

3.1.1　问题

在大部分计算机视觉相关的行业用例中，都有一组对象需要被归类、标记和分类成不同的子集和分组。人类非常擅长这些任务，不过机器仍然需要努力学习。我们要如何给机器提供一组对象样本并且使用它将这些对象分成两个类别？这个对象到底是哈士奇还是柯基犬？是柯基犬还是松饼？是不是热狗？是 A 型螺栓还是 B 型螺栓？是 Ryan Gosling 还是 Ryan Reynolds？是 Elijah Wood 还是 Daniel Radcliffe？是 Jessica Chastain 还是 Bryce Dallas Howard？是 Amy Adams 还是 Isla Fisher——不胜枚举。

话不多说，我们通过提供训练样本开始进行对象分类吧。

3.1.2　解决方案

为了揭示使用自定义视觉来完成这一图像分类任务有多容易，我们将采用一种可视化方法，也就是截图的方式，所以请大家做好准备把。为了针对这一演练做好准备，请访问 https://github.com/prash29/Hotdog-Not-Hotdog 并且下载图像的数据集。

接下来，要开始这一可视化演练，请访问 CustomVision.ai 并且输入大家的电子邮件地址和密码以便进行登录。

登录之后，单击 New Project，见图 3-1。

在下一个界面中，我们要提供新项目的详细信息、一段描述，以及它归属的类别。为了进行此分类练习，请选择 Classification 作为项目类型，并且选择 Food 作为其领域。在编写本书的时候，自定义视觉支持分类，而对象检测仍旧处于 beta 测试版本。

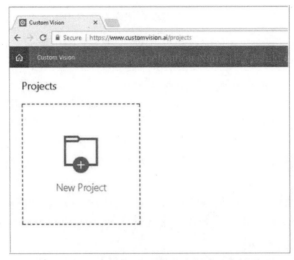

图 3-1　在 CustomVision.ai 站点上创建一个新项目

也可以选择数据集所归属的领域。这有助于使用预先训练好的已经可用作 Cognitive Services 一部分的模型来优化搜索。见图 3-2。

图 3-2　输入 HotDogNotHotDog 项目的详细信息

我们还会看到可用于某些领域的精简模型，这些模型都是针对在像手机这样的边缘设备上进行实时分类的限制条件而优化的。使用精简领域构建的分类器可能并不精确，但它们可以被导出并且用在边缘设备上，然后使用更多各种各样的图像进行训练以便帮助提升精度。

现在，是时候标记和上传训练图像了。使用之前提取的数据集，选择训练图像并且使用期望的关键字标记这些图像；在这个例子中就是热狗(hotdogs 和 hot dogs)。见图 3-3。

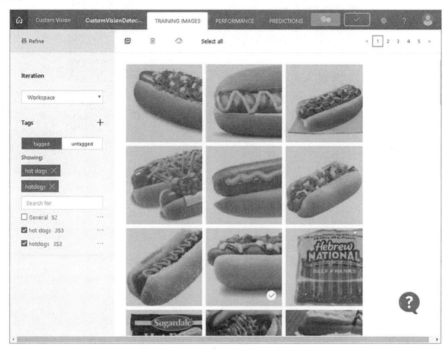

图 3-3　标记图像用于训练

我们还想要标记其他类别的成员，比如，总的来说就是非热狗，比如以下图像。见图 3-4。

上传完成后，单击绿色的 Train 按钮以便训练分类器。然后我们将看到版本迭代和对应的性能表现。见图 3-5。

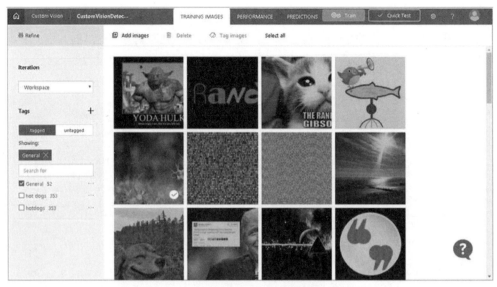

图 3-4　标记其他类别的图像

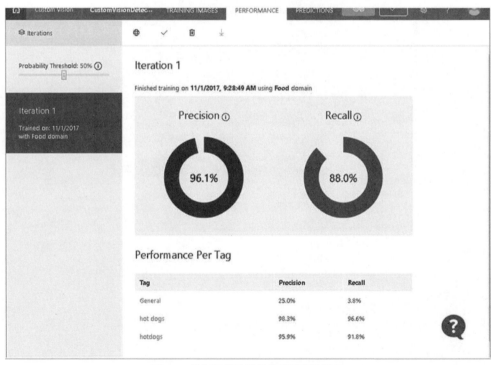

图 3-5　按每标签统计的分类器训练性能

准确度和召回率放在一起是很好的。召回率会表明图像中实际具有热狗并且使用分类器正确检测出的百分比，而准确度则表示使用分类器声明为热狗的图像与实际上是热狗的图像的百分比。或者，以数学方式说明：

准确度 ＝(正确正例)/(正确正例 ＋ 错误正例)

以及

召回率 ＝(正确正例)/(正确正例 ＋ 错误负例)

现在可以通过单击 Test image 链接使用不同图像来测试我们的算法。上传并且提交一张并非训练数据集中的热狗图像。成功了！这张图像是热狗的概率是 100%。这非常简单，不过我们知道，现实世界的问题会更加麻烦(见图 3-6)。

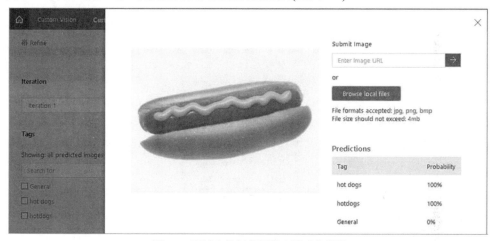

图 3-6　通过上传新的图像来测试分类器

为了测试分类器的精确度，我们来试试下面这张装扮得像热狗一样的猫的照片(见图 3-7)。在这个例子中，分类器就不那么确定了。正如概率分解中所显示的，分类器没有足够高的置信度可以对其进行分类。这是一个很好的示例，在这种情况下人工介入的方法会有助于处理真实业务用例中的异常分类。

现在进行最后的测试，我们要尝试一下下面这张装扮得像热狗的狗的照片(见图 3-8)。在这个例子中，分类器会将该图像错误分类为热狗，这可能会造成潜在的危险结果。

要如何避免这样的错误分类呢？可以借助一个较大的更具多样性的数据集。在数据集中包含相似的负例样本也有助于训练分类器并且提升整体精确度。

图 3-7 上传一张容易造成困惑或含糊不清的猫图像来测试分类器的精确度

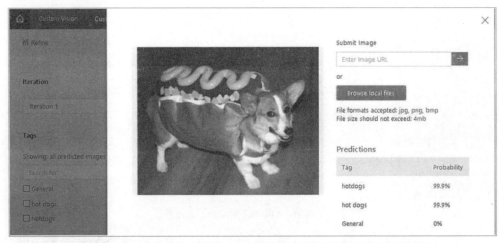

图 3-8 上传一张容易造成困惑或含糊不清的狗图像来测试分类器的精确度

话虽如此，使用对抗示例来攻击所训练的模型以便刻意蒙蔽这些模型的做法正是目前一个活跃的研究领域，在这种场景中，会准备好生成对抗网络(Generative Adversarial Network，GAN)来攻击使用了先进技术的面部识别系统(https://arxiv.org/pdf/1801.00349.pdf)以及其他被研究对象。Nguyen、Yosinski 和 Clune 在 CVR 论文《深度神经网络很容易被欺骗：不可识别图像的高置信度预测》(http://www.evolvingai.org/fooling)中提供了一些示例，其中神经网络被轻易地欺骗，会将非自然和古怪的图像认作真实物体。见图 3-9。

图 3-9　不可识别图像

3.2　构建自定义视觉以训练安防系统

现在我们已经尝试了图像的二元分类，下面试试更复杂的分类。人体识别的训练应该怎么做？更确切地说，是人脸识别。在这个攻略中，我们将训练面部图像并且基于这样的图像进行分类。

3.2.1　问题

如何才能训练像手机或者智能门铃这样的边缘设备，以便使用自定义视觉服务来识别访客？

3.2.2　解决方案

大家注意：不要在家里尝试此方法。

下面是此方案设置的逐步指引。它类似于攻略 3-1；不过，为了清晰性和前后一致，这个过程移除了重复的步骤。

访问 Custom Vision 网站并且单击 Sign In 按钮：https://customvision.ai/。使用电子邮箱地址登录。

该应用会要求授权。单击 Yes 以便允许该应用访问我们的个人资料和数据(见图 3-10)。

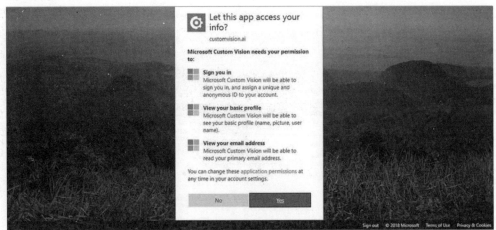

图 3-10　授权给 CustomVision.ai 应用

它会要求我们接受其服务条款。要仔细阅读其协议。勾选复选框以接受该协议，并且单击 I agree 按钮(见图 3-11)。

接下来，它会要求提供一个 Azure 账号。我们可以注册一个账号，单击 I'll do it later 按钮跳过此步骤，或者，如果有现成的账号，则可以单击 Switch directories 链接登录我们的 Azure 账号(见图 3-12)。

单击 Switch directories 之后，将出现图 3-13 所示的界面。单击 Ok!继续。

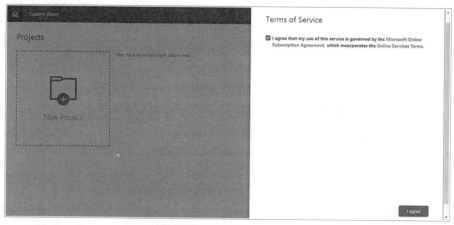

图 3-11　接受 CustomVision.ai 的服务协议

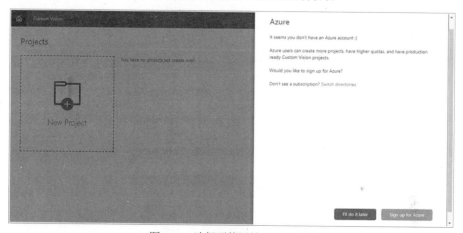

图 3-12　选择要使用的 Azure 账号

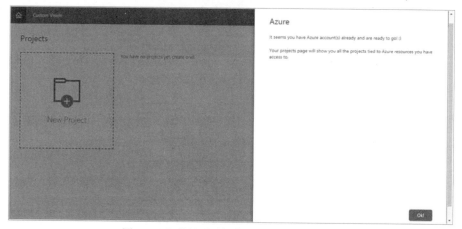

图 3-13　切换目录以便使用我们的 Azure 账号

现在，单击 New Project 以便创建一个新项目。见图 3-14。

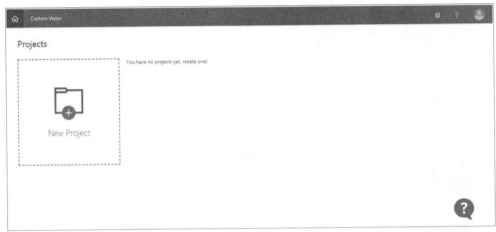

图 3-14　创建一个新的 CustomVision.ai 项目

输入该项目的详细信息(见图 3-15):

- 名称: [任意名称]
- 描述: [任何合理的内容]
- 资源组: 如果有一个试用账号，则选择默认的 Limited trial。如果已经有订阅，则从列表中进行选择。
- 项目类型: 选择 Classification 以便对图像进行分类。这就是我们想要做的。
- 领域: 选择 General (compact)。具有精简领域的项目可以被导出。

然后，单击 Create project 按钮。

这也是一次分类练习。

图 3-15　输入这个 CustomVision.ai 新项目的详细信息

该项目将会打开，我们会看到一个添加图像的按钮。我们要添加图像来训练分类器，单击 Add images 按钮以便添加图像(见图 3-16)。

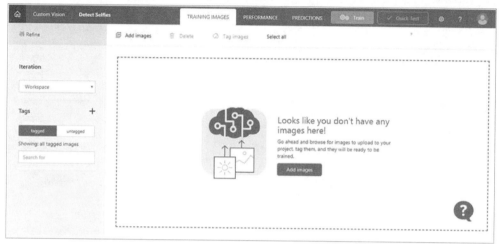

图 3-16　添加图像以训练分类器

单击 Browse local files 按钮以便上传机器上的图像(见图 3-17)。

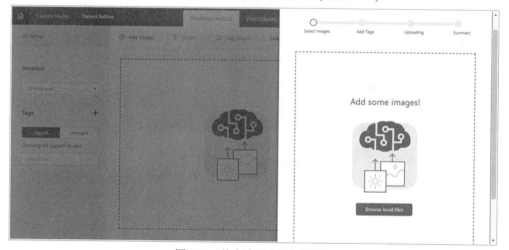

图 3-17　从本地驱动器上传图像

要确保这些图像获取自不同的摄像头角度、光线、背景、类型、风格、分组、大小等。使用各种照片类型以便确保分类器没有偏向性，并且可以很好地泛化。所允许的最大大小是每个文件 6 MB。

现在，通过单击加号给图像添加标签(见图 3-18)，然后单击上传按钮上传图像。这里要继续上传一些获取自 LinkedIn booth 上 Microsoft Ignite 的图片。

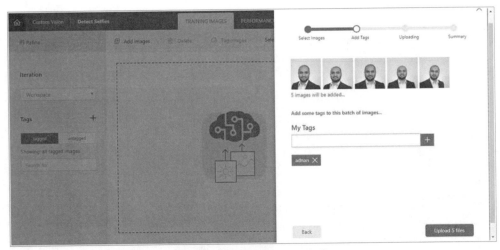

图 3-18　为上传的图像添加标签

上传过程将启动，在图像上传完毕之后单击 Done 按钮继续(见图 3-19)。

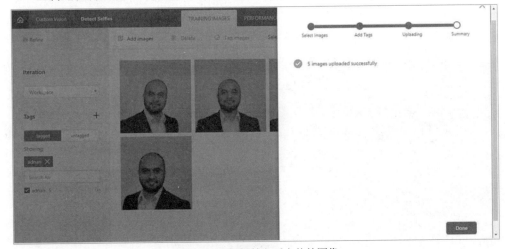

图 3-19　添加标签之后上传的图像

将出现一个界面，上面会显示上传的图像(见图 3-20)。

单击 PERFORMANCE 标签页并且将概率修改为 90%，然后单击 Train 按钮以训练分类器。这个概率阈值定义了精确度的潜在容忍度是什么。在这个例子中，我们希望可以 90%肯定图片中的人就是门口的人(见图 3-21)。

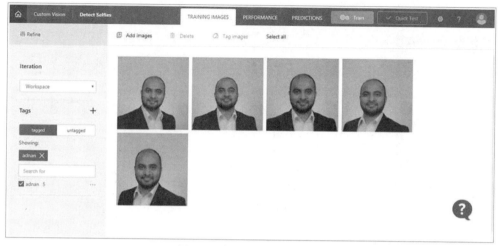

图 3-20　标记的图像上传成功

图 3-21　为图像分类设置概率阈值

一旦训练完成，就会同时显示准确率和召回率的结果。由于只有一个类别，因此这两个值都是 100.0%(见图 3-22)。

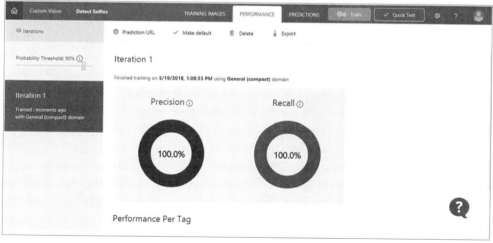

图 3-22　对于用于训练的单个类别，其准确率和召回率都显示为 100.0%

可以单击顶部菜单栏上的 Quick Test 按钮来测试该模型(见图 3-23)。

图 3-23　对于所训练模型的快速测试

上传一张还未用于训练的图像，其结果会通过标记来显示对于该图片的预测(见图 3-24)。

图 3-24　上传新图像以便测试分类器

结果很准确！现在尝试另一张(见图 3-25)。

很完美。这意味着这个分类器是有效的。现在，我们使用本书合著者的图片来测试一下(见图 3-26)。

单击 PREDICTIONS 标签页以便观察测试结果；可以看到，这张图片是 Adnan (Masood)的概率是 0%。

要得到更好的结果，就要持续测试图像，添加标签，并且重新训练，直到我们对结果感到满意。在可以得到满意的结果之后，单击 PERFORMANCE 标签页，然后单击 Export 按钮(见图 3-27)。

图 3-25 上传另一张图像来测试分类器

图 3-26 使用来自另一个类别的图像测试分类器

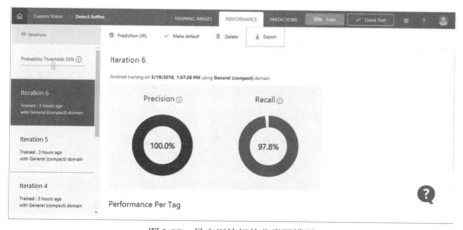

图 3-27 导出训练好的分类器模型

此处可以导出各种格式的模型，其中包括用于 iOS 设备的 iOS CoreML、用于 Android 的 TensorFlow，以及 ONNX(Open Neural Network Exchange，开放式神经网络交换)，这是用于可交换 AI 模型的一个开放式生态系统的一部分。

这里选择 TensorFlow(见图 3-28)。

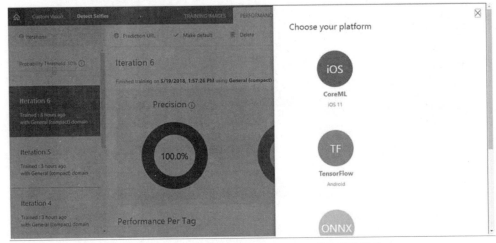

图 3-28　导出用于 TensorFlow 的训练好的分类器模型

单击 Download 按钮以下载文件。该 zip 文件将包含两个文件——一个用于标签，一个用于 TensorFlow(见图 3-29)。

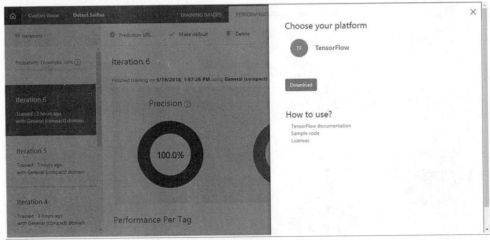

图 3-29　导出文件会被下载为一个 zip 压缩包

为了将这个模型用作手机 app 的一部分，我们可以克隆这个仓库并且在 Android Studio 中打开它。Android 自定义视觉服务的一个完整工作示例可以在 github 的这个地址找到：

https://github.com/Azure-Samples/cognitive-services-android-customvision-sample

将下载的文件添加到可作为上面列示的 azure 样本一部分的 Android 应用的项目资源中。覆盖原始的文件。创建一个构建并且在 Android 设备上运行它。该应用程序使用了 Camera 2 API，这意味着它要求 Android 版本大于 5。现在可以将这个模型部署在多个设备和端点的边缘。这一边缘计算(亦即将内存和计算能力放在靠近本地所需的位置)模型正迅即广受欢迎并且被应用到各个领域中。该模型的训练是在计算能力强大的服务器上完成的，而其评估是在边缘设备上执行的，也就是说，会在尽可能接近源的地方处理数据。

3.3　使用认知服务计算机视觉API构建说明标注机器人

前面介绍过简单的人脸检测和二元分类，现在我们要通过生成说明文字和理解图像中的对象来研究一个更为复杂的用例。

3.3.1　问题

如何才能使用认知计算 API 以自动化方式让机器人识别图像中的对象并且编写一段图像的文本描述(也就是打标签和添加说明)呢？

3.3.2　解决方案

在寻求使用 Computer Vision API 解决这个问题时，其前置条件就是使用 Node.js。可以在 https://nodejs.org 获取它。还需要安装和设置 Bot Framework Emulator (https://docs.microsoft.com/en-us/azure/bot-service/bot-service-debug-emulator?view=azure-bot-service-3.0) (https://github.com/Microsoft/BotFramework-Emulator/releases)。

我们需要获得 Computer Vision API 的 API 密钥。访问 https://azure.microsoft.com/en-in/try/cognitive-services/?api=computer-vision 并且单击 Get API Key 按钮以便获得为期七天的试用 API 密钥。

现在，选择我们所属的国家并且接受 Microsoft 认知服务使用条款以便继续(见图 3-30)。

使用任意可用方法进行注册。登录之后，我们将得到密钥和 API 端点(见图 3-31)。

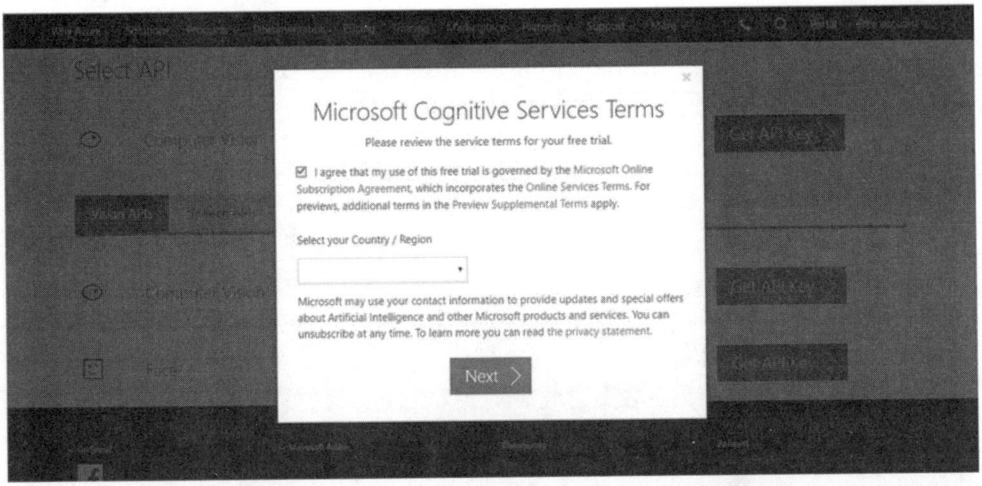

图 3-30　选择国家并且接受 Microsoft 认知服务使用条款

图 3-31　Computer Vision API 密钥和端点

将 API 密钥复制到一个安全位置。

现在我们要着手创建该说明标注机器人。我们要使用名称 CaptionBot 或者其他任意名称来创建一个新文件夹，并且在 Visual Code 或者我们偏爱的其他 IDE 中打开这个文件夹。

使用 Ctrl + ` 快捷键打开终端并且运行 npm init -y。这样就会初始化该项目并且创建一个 package.json 文件。

```
$ npm init -y
Wrote to E:\                    \CaptionBot\package.json:

{
  "name": "CaptionBot",
  "version": "1.0.0",
  "description": "",
  "main": "index.js",
  "scripts": {
    "test": "echo \"Error: no test specified\" && exit 1"
  },
  "keywords": [],
  "author": "",
  "license": "ISC"
}
```

```
$ npm init -y
Wrote to E: \CaptionBot\package . json:
{
  "name": "CaptionBot",
  "version": "1.0.0",
  "description" : ""
  "main": "index. js",
  "scripts": {
    "test": "echo \"Error: no test specified\" && exit 1"
  },
  "keywords": [],
  "author": "",
  "license": "ISC"
}
```

提示：
如果文件夹名称中包含空格，则会出现错误。

现在，通过运行以下命令安装所需的包：

```
npm install --save botbuilder dotenv restify request-promise
```

- botbuilder 是 Microsoft 的官方模块，用于使用 Node.js 创建一个机器人。
- dotenv 允许我们很容易并且安全地加载环境变量。我们要使用它加载 API 密钥。
- restify 用于创建一个 REST 端点。我们的机器人需要这样一个端点。

- request-promise 允许我们很容易并且高效地发出 HTTP 请求。它是原始请求模块的一个受保障版本。

```
$ npm install --save botbuilder dotenv restify request-promise
dtrace-provider@0.8.7 install E: * \node_modules \dtrace-provider
node-gyp rebuild | | node suppress-error . js
```

创建一个.env 文件，并且将 API 密钥保存在这个文件中。

```
COMPUTER VISION KEY= ***************************
```

创建一个新文件 app.js，并且添加各个模块。

```
// Load environment variables
require( ' dotenv' ) . config( )

const builder = require( 'botbuilder' ) ;
const restify = require( 'restify' ) ;
const request = require( 'request-promise' ) .defaults({ encoding:
null } ) ;
```

将 API 端点存储在一个常量中。

```
Const API_URL = 'https://westcentralus.api.cognitive.microsoft.com/vision/
v2.0/analyze?visualFeatures=Description';
```

添加用于设置 restify 服务器的代码。restify 服务器将监听环境变量中提供的端口，如果没有提供，则监听 3978 端口。

```
// Setup Restify Server
var server = restify. createServer( ) ;
server . listen(process . env. port | | process. env . PORT | | 3978, ( )
=> {
console. log( '%s listening to %s', server. name, server. url) ;
});
```

通过添加这些代码行来创建对话机器人：

```
// Create chat bot
var connector = new builder . ChatConnector( ) ;
```

```
// Listen for messages
server.post( '/api/messages', connector. listen( ) );

var inMemoryStorage = new builder. MemoryBotStorage( ) ;
var bot = new builder . UniversalBot(connector, (session) => {
})
    . set( ' storage' , inMemoryStorage) ;
```

在第 26 行上，添加这些代码行。这段代码会检查用户是否已经发送了一个附加项 /URL。如果存在附加项，那么机器人就会给用户发送一条消息。如果没有附加项或链接，那么机器人就会让用户知晓这一点。

```
var msg = session . message;
var isURL = msg . text . indexof( 'http' ) !== -1 ? msg. text : null;

if (msg.attachments.length || isURL) {
    session. send( "You have sent me an attachment or a URL. ' )
} else {

    // No attachments were sent
    session. send('You did not send me an image or a link of the image to
    caption. ' )
    }
})
. set( " storage', inMemoryStorage) ;
```

在终端中输入 node app 并且按 Enter 键。

单击 create a new bot configuration.链接以便打开 Bot Framework Emulator 和 Caption Bot(说明标注机器人)，见图 3-32。

添加详细信息和一个 restify 端点。单击 Save and connect 按钮，然后保存该配置文件 (见图 3-33)。

现在可以测试该机器人了(见图 3-34)。

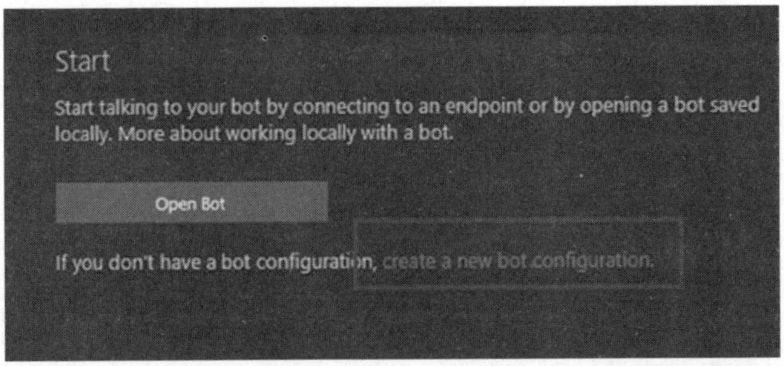

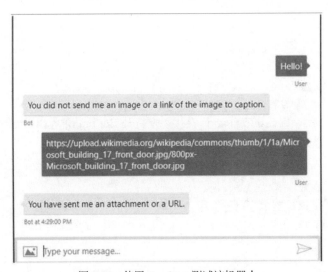

图 3-32　在 Bot Framework Emulator 中创建一个新的机器人配置

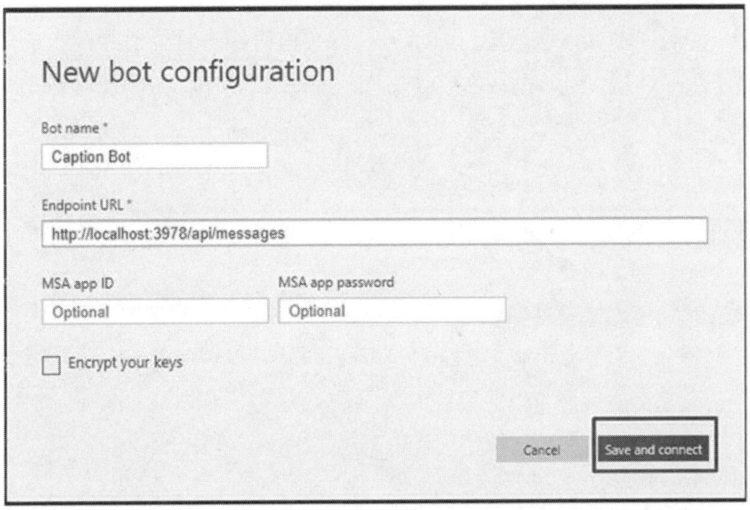

图 3-33　New bot configuration 窗口

图 3-34　使用 Emulator 测试该机器人

在第 30 行，将下面这行内容

```
session. send( 'You have sent me an attachment or a URL.' )
```

替换成

```
if (msg. attachments.length || isURL) {

  // Message with attachment, proceed to download it.
  var attachment = isURL | | msg.attachments[0] . contentUrl;

  request (attachment)
    . then (
    function (response) {
      // Make a POST request to Prediction API
      request({
        method: 'post',
        uri: API_URL,
        headers: {
          'Content-Type' : "multipart/form-data",
          ' Ocp-Apim-Subscription-Key' : process. env. COMPUTER_VISION_
          KEY
        },
        formData: { body: response },
        json: true
      })
      // If request is successful
      .then((response) => {

      // Check if response has predictions
      if (response && response. description && response. description.
      captions) {

        let caption - response. description. captions;

        // If we have a caption
        if (caption. length) {
          session. send("It is " + caption [0]. text);
```

```
                session. send( "It is " + caption[0] . text);
            }

            // If we don't have a caption
            else {
              session. send("Sorry! I can't caption it.");
            }
        }
        // If response does not have data
        else {
          session.send("Sorry! I can't caption it. ");
          }
        })

        // If there is an error in POST request, send this message
        .catch((err) => session. send("I can't process your request
        for some technical reasons. "));
    })
    .catch((err) -> {
      console. log( "Error downloading attachment: ', err);
    }):
    } else {
```

　　第 34 行代码是让机器人下载用户上传的图像。一旦图像接收完成，机器人就会在第
38 行请求 Computer Vision API。

　　当接收完响应时，机器人就会检查是否存在任何说明。如果存在说明，机器人就会
将该说明发送给用户(第 58 行)。否则，它就会告知用户它无法对该图像添加说明。

　　现在停止该机器人的运行，并且再次启动它以便进行测试。这里是一个示例(见
图 3-35)。

　　从 API 获得响应需要一些时间，因此可以将这行代码添加到第 26 行来添加一个输
入标示：

```
var bot = new builder.UniversalBot(connector, (session) => {
  session . sendTyping( ) ;
  var msg = session.message;
```

图 3-35　使用机器人调用 Computer Vision API(1)

在该文件结尾处添加下面这些代码行。这段代码会在机器人连接时向用户发送一条问候消息：

```
. set( storage , inMemoryStorage) ;

bot. on ( ' conversationUpdate', function (activity) {
  if (activity. membersAdded) {
    const hello = new builder . Message ( )
    .address(activity. address)
    .text("Hello! I'm a Caption Bot. Send me an image or a URL of an
    image and I'll caption it for you.");
  activity . membersAdded. forEach(function (identity) {
    // Send message when the bot joins the conversation
    if (identity. id === activity.address.bot.id) {
      bot. send(hello);
    }
  });
  }
});
```

再次测试该机器人(见图 3-36)。

图 3-36 使用机器人调用 Computer Vision API(2)

效果是不是还不错？我们再试试(见图 3-37~图 3-40)。

图 3-37 使用机器人调用 Computer Vision API(3)

图 3-38 使用机器人调用 Computer Vision API(4)

图 3-39　使用机器人调用 Computer Vision API(5)

图 3-40　使用机器人调用 Computer Vision API(6)

相当不错，这些食物图片都让我感觉饿了！

有一篇关于生成像人类那样为图像添加说明文字的绝佳论文，《使用同一种语言：通过对抗训练让机器能够像人类那样添加说明》，可以在 https://arxiv.org/abs/1703.10476 找到这篇论文。使用 Cognitive Services 并且借助该作者的其中一些结果来对比一下我们的说明标注机器人(Caption Bot)的结果(见图 3-41~图 3-47)。

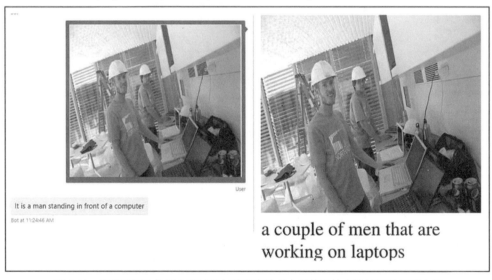

图 3-41　将说明标注机器人的结果与该研究论文中所使用技术的结果进行对比(1)

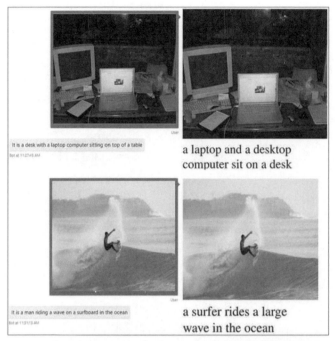

图 3-42 将说明标注机器人的结果与该研究论文中所使用技术的结果进行对比(2)

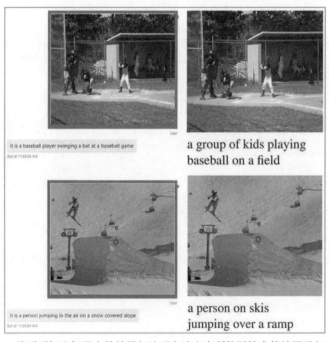

图 3-43 将说明标注机器人的结果与该研究论文中所使用技术的结果进行对比(3)

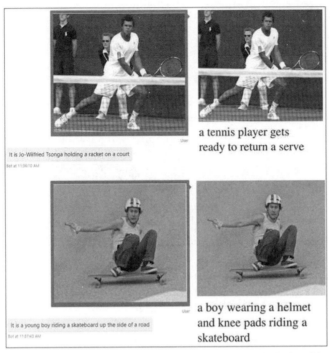

图 3-44　将说明标注机器人的结果与该研究论文中所使用技术的结果进行对比(4)

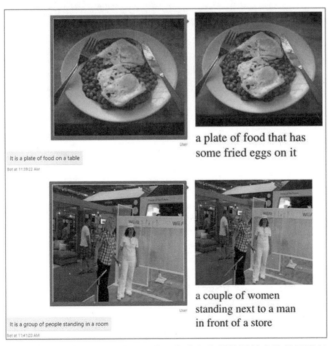

图 3-45　将说明标注机器人的结果与该研究论文中所使用技术的结果进行对比(5)

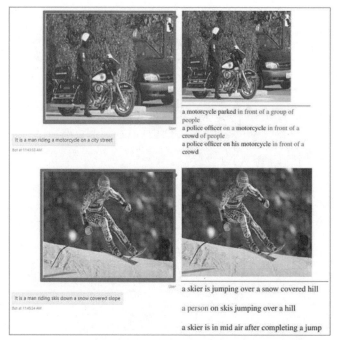

图 3-46 将说明标注机器人的结果与该研究论文中所使用技术的结果进行对比(6)

图 3-47 将说明标注机器人的结果与该研究论文中所使用技术的结果进行对比(7)

这些都是相当不错的开箱即用的结果，不过还存在包括密集描述和 z 索引在内的更多值得改进的地方。一种更为复杂的用例就是用该 API 来测试斯坦福的 DAQUAR 挑战。

3.3.3　DAQUAR 挑战

DAQUAR 是 "DAtaset for QUestion Answering on Real-world images(用于现实世界图像问答的数据集)" 的缩写。它是一个具有问答对的图像数据集，可同时用于训练和测试。它并非仅用于使用 AI 来识别图像。相反，DAQUAR 是用来像 AI 提出与图像有关的问题的，这要比图像识别更进一步。其挑战在于使用该数据集来训练 AI，然后对其进行测试。可以在 https://www.mpi-inf.mpg.de/de/abteilungen/computer-vision-and-multimodal-computing/research/vision-and-language/visual-turing-challenge/找到与该挑战有关的更多详细信息。

3.4　使用 CustomVision.AI 研究冰箱

尽管我们仍旧在等待可用的悬浮滑板的问世，不过我们的确已经拥有了各个高科技制造商所生产的智能冰箱。这些冰箱会创建购物清单，协调日程，播放我们喜爱的歌曲和电影等。总之，它们可以成为我们生活中的贴心伴侣。

3.4.1　问题

我们如何才能使用自定义视觉服务的对象监测能力构建一个简单的杂货检测器——比如，识别冰箱中的东西？

3.4.2　解决方案

我们的工具箱中的常用工具，自定义视觉，就可用于解决这个问题。在这个示例中，我们要做的事情会更加复杂一些，稍后将会介绍(见图 3-48)。

由于我的橙汁喝得很快，因此我们上传一些橙汁图像，看看是否可以识别出该对象(见图 3-49)。

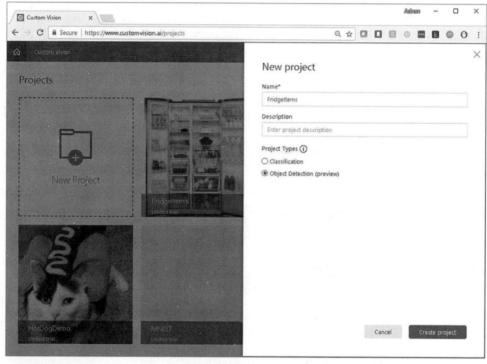

图 3-48　创建一个新的 CustomVision.ai 项目

图 3-49　上传用于训练的图像

我们首先要上传图片，标记它们，并且识别出其范围(见图 3-50)。

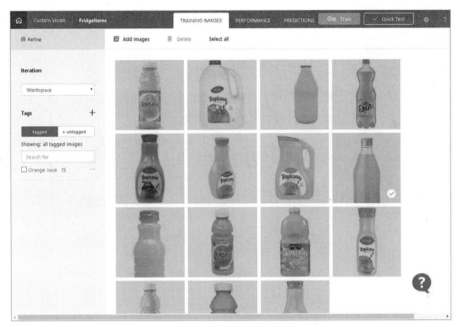

图 3-50　标记用于训练的图像

　　接下来就可以看到准确率和召回率，以及一个新的指标 MAP，它主要用于对象检测。平均准确率(Mean Average Precision，MAP)提供了跨不同召回率水平的单一质量指标，并且已经被证明具有特别棒的辨识性和稳定性。MAP 被用作衡量对象检测器精确度的指标，例如诸如 Faster R-CNN、YOLO 和 Single Shot Detector(SSD)的对象检测器，并且 MAP 可以提供不同召回率值上最大准确率的平均值(见图 3-51)。

图 3-51　用于对象检测的准确率、召回率和 M.A.P.

现在，我们来上传冰箱本身的图像并且绘制出对象边界以及打上标签(见图 3-52)。

图 3-52　绘制对象边界以便在图像内部进行标记

继续标记多个对象和示例以便提升模型的多样性和精确度(见图 3-53)。

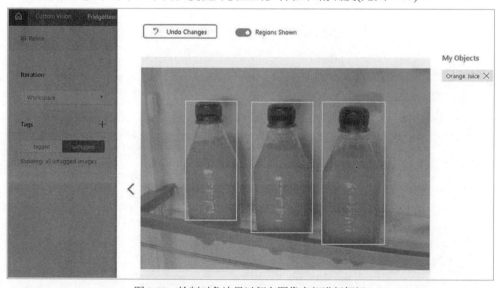

图 3-53　绘制对象边界以便在图像内部进行标记

现在，单击 Train 按钮以便运行迭代。见图 3-54。

是时候通过上传图 3-55 所示的图像来测试这个模型。

可以看到，瓶装橙汁的检测具有一定的精确度。虽然不高，但鉴于我们的训练集很小，这样已经算是不错了，尤其是在还没有编写一行代码的情况下(见图 3-56)。

图 3-54 训练模型

图 3-55 使用一张新图像测试模型

图 3-56 检测新图像中的对象

现在，介绍如何通过 RESTful 接口借助预测 API 来进行检测。这样一来我们就可以从应用程序中使用它了。也可以编写代码来调用该 RESTful API；作为 REST 客户端的 Google Chrome 的 Postman 扩展，允许我们更加容易地与 RESTful API 交互。也可以安装 Postman Interceptor 扩展，以便可以在与 API 交互时重用当前的 Google Chrome 会话 cookies。可以从 https://www.getpostman.com 下载和安装 Postman。

单击齿轮图标，以便获取预测 API 的端点和密钥(见图 3-57)。

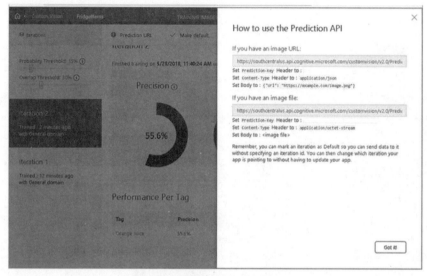

图 3-57　预测 API 的端点和密钥

可以在项目和账户设置中看见这些信息(见图 3-58)。

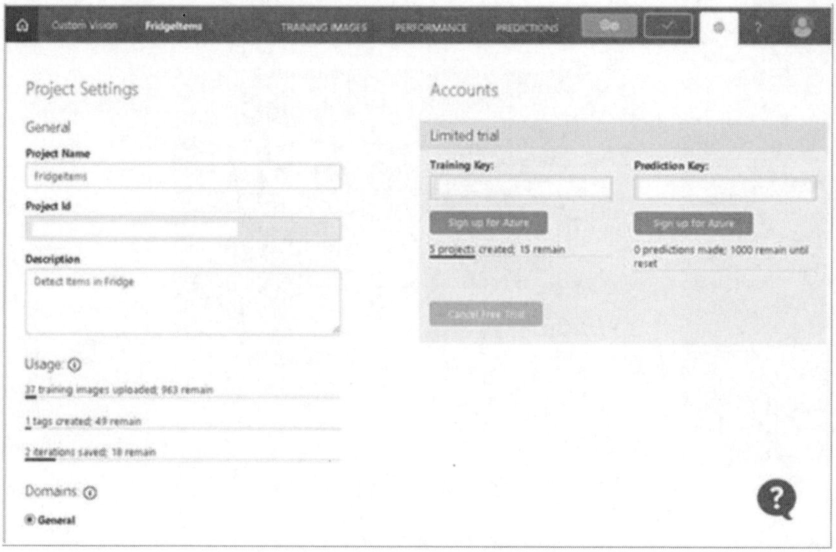

图 3-58　项目和账户设置界面

现在，单击 Request 按钮，在 Postman 中创建一个新请求(见图 3-59)。

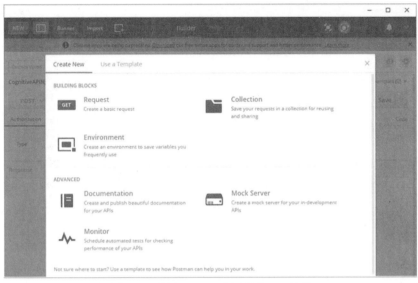

图 3-59　使用 Postman 创建新的 API 请求

通过填充头信息和主体信息保存该请求(见图 3-60)。

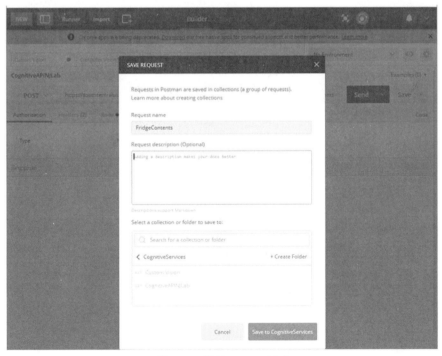

图 3-60　保存 Postman 请求

现在提供一个图像的链接以便进行测试。可以通过 Google 或 Bing 图片搜索来搜索任意相关的图像，类似于图 3-61 所示的图片。

图 3-61 指定用于测试的样本图像

正如图 3-62 的请求中所示，我们已经用该图像的链接设置了主体 URL 参数并且用之前指定的值设置了头信息。

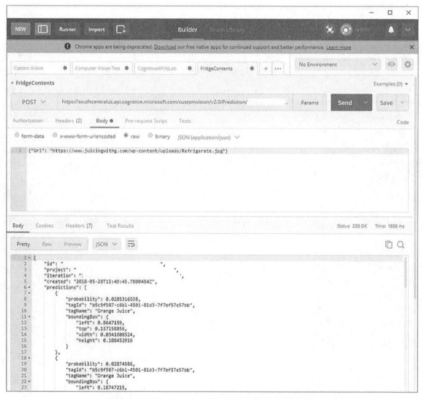

图 3-62 在 Postman 中监测请求的有效载荷

在调用时，我们会得到图像中的边框信息以及对应的概率，它们位于图 3-62 的 JSON 响应中，也可以从图 3-63 的同一结果中看到其可视化描述。

在下一个攻略中，我们要使用 CNTK 来应用相同的原则和自定义视觉实现。

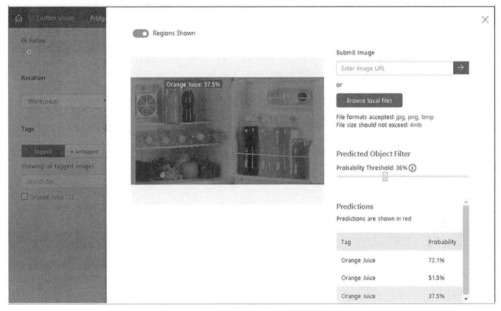

图 3-63　在测试图像中成功检测到对象

3.5　现在使用认知工具集研究冰箱

云端 API 通常是很好的入手工具，它们非常有价值，可以让我们不必重新发明轮子，进行自定义训练，以及花费数小时来尝试落地实现。不过，还有几种行业和业务用例，比如当云端并非可行选项时，要使用内部部署的离线实现；在这种情况下，我们可以使用 Microsoft 认知工具集(Cognitive Toolkit，CNTK)来完成自定义内部部署实现。

3.5.1　问题

使用认知工具集的对象检测能力来构建一个简单的杂货检测器——比如，识别冰箱中的物品。

3.5.2　解决方案

在这个攻略中，我们要使用 Microsoft 认知工具集的快速 R-CNN 实现来训练一个已有的神经网络 AlexNet，以便通过训练一个外部分类器来识别冷柜中的杂货。这个方法无需任何专业知识，并且可以使用一个小数据集来训练。

我们在之前的语句中使用了大量的专门术语，接下来对其进行讲解。

R-CNN(Girshick 等人于 2014 年发明)指的是区域卷积神经网络(Region-based Convolutional Neural Networks)。该算法首先应用选择性搜索来识别可控数量的边框对象区域候选或者关注区域，然后将其用于提取每个区域中的卷积神经网络特征。R-CNN、Fast R-CNN 以及 Faster R-CNN 都是对象识别技术，而 Mask R-CNN 则用于图像分割，YOLO(You Only Look Once，意为只要观察一次)用于快速对象识别。关注区域(ROI)就是被选作操作对象的图像的一个子集或者一部分，并且理想情况下它应该包含目标对象。然后神经网络会从这些 ROI 中找出用于分类的特征。可以在 Andrej Karpathy 的这个网址：https://cs.stanford.edu/people/karpathy/rcnn/找到 R-CNN 的详细信息。

这些算法的详尽概述都超出了本书的范畴，不过读者可以使用表 3-1 中的信息找到相关论文以及相关代码。

表 3-1　用于对象识别的算法和代码

模型	目标	资源
R-CNN	对象识别	[论文]https://arxiv.org/abs/1311.2524 [代码]https://github.com/rbgirshick/rcnn
Fast R-CNN	对象识别	[论文]https://arxiv.org/abs/1504.08083 [代码]https://github.com/rbgirshick/fast-rcnn
Faster R-CNN	对象识别	[论文]https://arxiv.org/abs/1506.01497 [代码]https://github.com/rbgirshick/py-faster-rcnn
Mask R-CNN	图像分割	[论文]https://arxiv.org/abs/1703.06870 [代码]https://github.com/CharlesShang/FastMaskRCNN
YOLO	快速对象识别	[论文]https://arxiv.org/abs/1506.02640 [代码]https://github.com/pjreddie/darknet/wiki/ YOLO:-Real-Time-Object-Detection

就像 LeNet、VGG、GoogLeNet 和 ResNet 一样，AlexNet 也是一个卷积神经网络架构，它来源于一份斯坦福视觉研究论文。它使用一个深度神经网络来自动找出图像中的特征。AlexNet 是一个预先训练好的神经网络，并且它可以把图像本身分类成 1000 个对象类别。它已经经过了上百万张图像的训练。AlexNet 已经对计算机视觉领域做出了巨大的贡献。可以在 http://vision.stanford.edu/teaching/cs231b_spring1415/slides/alexnet_tugce_kyunghee.pdf 找到该论文。

Microsoft 认知工具集(https://cntk.ai)，它是通过一张有向图将神经网络描述为一系列计算步骤的统一深度学习工具集。该工具集已经证明可以针对 Pascal VOC(http://host.

robots.ox.ac.uk/pascal/VOC/)生成极佳的结果，Pascal VOC 是该领域主要的对象检测挑战
之一。Microsoft 像下面这样定义认知工具集：

"它允许用户轻易地理解以及组合使用流行的模型类型，比如 feed-forward DNNs、
convolutional nets(CNNs)和 recurrent networks(RNNs/LSTMs)。它实现了具有自动微分和
跨多个 GPU 和多台服务器并行计算的随机梯度下降(SGD，误差反向传播)学习。"

在此次实现中，我们要使用一个小型数据集，它包含 25 张冷柜中杂货物品的图像，
其中 20 张将用于训练分类器，其余 5 张用于测试。20 张图像的确是一个非常小的数量，
并且不会产生非常高的精确结果，不过这一数量非常适合入门学习或者用于阐释目的。
这些图像中总共有 180 个注释过的对象，其中包括鸡蛋、酸奶、番茄酱、蘑菇、芥末、
橙子、果汁饮料和水。

1.　环境设置

我们开始进行处理：

(1) 从官方仓库下载 CNTK 2.0 的适用包。只有 2.0 版本才兼容本攻略，因为最新的
发布版本可能有一些重大更改：

```
https://github.com/Microsoft/CNTK/releases/tag/v2.0
```

这个文档使用了 GPU 包。

(2) 单击 I accept 按钮以便启动下载。

(3) 创建一个名称为 local 的文件夹或者使用 C:驱动器或其他任意驱动器中存在的任
意名称。将文件提取到该文件夹。一种好的做法是在该 CNTK 文件夹的名称中保留版本
号，这样就不会与其他 CNTK 版本弄混了。

(4) 本攻略中将 CNTK 提取到了 D:\local\CNTK-2-0。可以根据我们的安装目录来调
整这几个步骤。

(5) 打开 CMD 或者 PowerShell。

(6) 将目录变更为正在使用的安装脚本所在的位置。

```
"cd D:\local\CNTK-2-0\cntk\Scripts\install\windows"
```

(7) 运行 install.bat 以启动安装。

```
Windows PowerShell
Copyright (C) Microsoft Corporation. All rights reserved.


PS C: \Users> cd D:\local\CNTK-2-0\cntk\Scripts\install\windows
```

```
PS D: \local\CNTK-2-0\cntk\Scripts\install\windows> ./install.bat

CNTK Binary Install Script

This script will set up CNTK, the CNTK prerequisites, and the CNTK Python
environment onto the system.
More help can be found at:
  https: //github.com/Microsoft/CNTK/wiki/Setup-Windows-Binary-Script

The script will analyze your machine and will determine which components
are required.
The required components will be downloaded in [D:\local\CNTK-2-0\cntk\
Scripts\install\windows \ps \ InstallCache]
Repeated operation of this script will reuse already downloaded components.

  - If required VS2015 Runtime will be installed
  - If required MSMPI will be installed
  - Anaconda3 will be installed into [C: \local \Anaconda3-4.1.1-
    Windows-x86_64]
  - A CNTK-PY35 environment will be created or updated in [C:\local\
    Anaconda3-4.1.1-Windows-x86_64\envs]
  - CNTK will be installed or updated in the CNTK-PY35 environment

  1 - I agree and want to continue
  Q - Quit the installation process

  1 - I agree and want to continue
  Q - Quit the installation process

1
Determining Operations to perform. This will take a moment. . .

The following operations will be performed:
  * Install Anaconda3-4.1.10
  * Set up CNTK PythonEnvironment 35
```

```
   * Set up/Update CNTK Wheel 35
   * Create CNTKPY batch file

Do you want to continue? (y/n)

Writing web request
    Writing request stream. . . (Number of bytes written: 8777442)

CNTK Binary Install Script
```

(8) 安装过程可能会要求授权，可能会出现对话框。单击 Yes 按钮可以继续安装。

```
Using Anaconda Cloud api site https://api .anaconda.org
Using Anaconda Cloud api site https://api.anaconda.org
Fetching package metadata .........
Solving package specifications: .........
Fetching packages ...
ca-certificate 100% |############################| Time: 0:00:02
76.10 KB/s
vs2015_runtime 100% |############################| Time: 0:00:02
727.49 kB/s
bzip2-1.0.6-vc 100% |############################| Time: 0:00:02
71.71 kB/s
openss1-1.0.20 100% |############################| Time: 0:00:11
488.74 kB/s
vc-14-0.tar.bz 100% |############################| Time: 0:00:00
78.57 kB/s
zlib-1.2.11-vc 100% |############################| Time: 0:00:02
58.73 kB/s
icu-57.1-vc14_ 100% |############################| Time: 0:00:14 2.42
MB/5
jpeg-8d-vc14_2 100% |############################| Time: 0:00:00
315.72 kB/s
libpng-1.6.34- 100% |############################| Time: 0:00:03
181.01 kB/s
tk-8.5.19-vc14 100% |############################| Time: 0:00:06
379.64 kB/s
```

```
    colorama-0.3.9 100% |#############################| Time: 0:00:00
195.84 kB/s
    decorator-4.1. 100% |#############################| Time: 0:00:00
157.76 kB/s
    entrypoints-0. 100% |#############################| Time: 0:00:00
622.98 kB/s
    freetype-2.5.5 100% |#############################| Time: 0:00:01
399.95 kB/s
    ipython_genuti 100% |#############################| Time: 0:00:00
297.80 kB/s
    jedi-0.10.2-py 100 |#############################| Time: 0:00:00
453.49 kB/s
    jsonschema-2.6 100% |#############################| Time: 0:00:00
349.53 kB/s
    markupsafe-1.0 0% |
    | ETA: --:--:-- 0.00 B/S
```

(9) 一旦完成安装，就会显示一条成功消息。

```
CNTK v2 Python install complete.

To activate the CNTK Python environment and set the PATH to include CNTK,
start a command shell and run
D:\local\CNTK-2-0\cntk\scripts\cntkpy35.bat

Please check out tutorials and examples here:
D:\local\CNTK-2-0\cntk\Tutorials
D: \local\CNTK-2-0\cntk\Examples


PS D:\local\CNTK-2-0\entk\Scripts\install\windows>
```

我们要使用 CNTK Python 验证此安装。不过为了使用它，我们必须运行 cntkpy35.bat
脚本来激活环境。

该脚本会将 CNTK Python 环境变量添加到当前的命令提示符窗口。

(1) 打开一个命令提示符窗口并且输入 D:，然后输入 D:\local\CNTK-2-0\cntk\scripts，
最后输入 cntkpy35.bat。

这样就会激活当前命令提示符窗口的 CNTK Python 环境。

```
D: \local\CNTK-2-0\cntk\Scripts>cntkpy35.bat

(C: \local\Anaconda3-4.1.1-Windows-x86_64\envs\cntk-py35) D: \
local\CNTK-2-0\cntk\Scripts>
```

在本地文件夹中克隆这个仓库：https://github.com/Azure/ObjectDetectionUsingCntk。

(2) 现在，在 CMD 中输入

```
cd D:\local\ObjectDetectionUsingCntk\resources\python35_64bit_requirements
```

(3) 然后运行

```
pip.exe install -r requirements.txt
```

如果出现必须安装 cMake 的错误，则要使用下面这个命令安装它：

```
pip install cMake
```

然后，再次运行 pip 命令以启动安装：

```
pip.exe install -r requirements.txt
```

(4) 从下面的链接下载 AlexNet.model 文件，并且将其复制到 ObjectDetectionUsingCntk\
resources\cntk 文件夹：

```
https://www.cntk.ai/Models/AlexNet/AlexNet.model
```

现在我们已经完成了安装设置，可以开始训练了。

2. 训练模型

在命令提示符中，切换到所克隆的目录并且运行 python 1_computeRois.py。这个脚本将使用以下三个步骤来计算数据集中每个图像的 ROI(关注区域)：

(1) 使用选择性搜索为每张图像生成数百个 ROI。这些 ROI 会比实际的对象更小或更大。

(2) 丢弃过于类似或者过小的 ROI。

(3) 最后，会按照不同的缩放比例和长宽比来添加均匀覆盖该图像的 ROI。

以下脚本会将上述步骤所计算出的每一个 ROI 传入 CNTK 模型，以便生成其 4096 位浮点精度深度神经网络表示：

```
Run python 2_cntkGenerateInputs.py
```

这样就需要为训练和测试集生成三个 CNTK 专用的输入文件，如下所示：

- {train,test}.txt：每一行都包含一张图像的路径。
- {train,test}.rois.txt：每一行都包含以(x,y,w,h)相对坐标来表示的一张图像的所有 ROI。
- {train,test}.roilabels.txt：每一行都包含以独热编码表示的 ROI 的标签。

```
(C:\local\Anaconda3-4.1.1-Windows-x86_64\envs\cntk-py35)
D:\local\ObjectDetectionUsingCnitk>python 2_cnitkGenerateInput
2018-06-05 16:20:06
PARAMETERS: datasetName = grocery
Number of images in set 'train' = 25
Processing image set 'train', image 0 of 25
wrote gt roidb to
D:\local\ObjectDetectionUsingCntk/proc/grocery/cntkFiles/
train.cache_gt_roidb.pkl
Only keeping the first 200 ROIs. .
wrote ss roidb to
D:\local\ObjectDetectionUsingCntk/proc/grocery/cntkFiles/
train.cache_selective_search_roidb.pkl
0: Found 4820 objects of class _background_
1: Found 20 objects of class orange.
2: Found 20 objects of class eggBox.
3: Found 20 objects of class joghurt.
4: Found 20 objects of class ketchup.
5: Found 40 objects of class squash.
6: Found 20 objects of class mushroom.
7: Found 20 objects of class water.
8: Found 20 objects of class mustard.

Number of images in set 'test' = 5
Processing image set 'test', image 0 of 5
wrote gt roidb to D:\
local\ObjectDetectionUsingCntk/proc/grocery/cntkFiles/
test.cache_gt_roidb.pkl
Only keeping the first 200 ROIs. .
wrote ss roidb to
```

```
D:\local\ObjectDetectionUsingCntk/proc/grocery/cntkFiles/
   test.cache_selective_search_roidb.pkl
   DONE


(C:\local\Anaconda3-4.1.1-Windows-x86_64\envs\entk-py35) D:\local\
ObjectDetectionUsingCnitk>
```

可以运行 python B2_cntkVisualizeInputs.py 来可视化一个输入。这段脚本会通过将输入映射到图像上来可视化所生成的输入(见图 3-64)。

图 3-64　在图像上可视化输入

现在运行 python 3_runCntk.py。

这个脚本将运行 CNTK 训练，它会采用上一步中生成的输入并且为每个 ROI 和每张图像编写 4096 位浮点精度的嵌入。

这一过程可能耗时较长，因为其间需要进行大量计算。如果检测到存在 GPU，那么该脚本将自动运行在 GPU 上。如果使用了 GPU 包，则会显示消息“使用 GPU 进行训练”。

如果大家希望认真理解深度学习，这里有一个建议，那就是采购 GPU。图 3-65 是本书作者的机器，仅供大家参考。

图 3-65 本书作者的 GPU

如果没有 GPU 或者正在使用仅利用 CPU 的包,那么耗时将较长:

```
(C:\local\Anaconda3-4.1.1-Windows-x86_64\envs\entk-py35) D:\local\
ObjectDetectionUsingCntk>python 3_runCntk.py
2018-06-05 16:24:34
PARAMETERS: datasetName = grocery
classifier = svm
cntk_lr_per_image = [0.01, 0.01, 0.01, 0.01, 0.01, 0.01, 0.01, 0.01, 0.01,
0.01, 0.001, 0.001, 0.001, 0.001, 0.001, 0.0001]
Selected GPU[0] Geforce GTX 1060 as the process wide default device.
Using GPU for training.
Loading pre-trained model. .
Loading pre-trained model. . . DONE.
Using pre-trained DNN without refinement
Writing model to D:\local\ObjectDetectionUsingCntk/proc/grocery/models/
fren_svm.model
Evaluating images 1 of 5
Writing DNN output of dimension (200, 4096) to disk
Evaluating images 1 of 25
```

```
Writing DNN output of dimension (200, 4096) to disk
DONE.
```

运行 python 4_trainSvm.py。

这个脚本将使用每张图像的 ROI 作为输入来训练一个分类器，并且将输出 N+1 个线性分类器，每个线性分类器用于一个类别(杂货物品)，多出来的一个用于图像背景。

这个脚本使用了一段已发布 R-CNN 代码的稍经修改版本来训练线性 SVM 分类器。其主要的修改在于，是从硬盘加载该 4096 位浮点精度 ROI 嵌入，而不是在运行时运行该网络。

```
optimization finished, #iter = 141
Objective value = -0.058624
nSV - 204
[LibLinear ] 0: meanAcc=1.000 .. pos wrong: 0/ 39; neg
wrong: 0/ 2171; obj val: 0.378 = 0.000 (posUnscaled) + 0.013
(neg) + 0.365 (reg)
1: meanAcc=0, 999 -- pos wrong: 0/ 39; neg
wrong: 2/ 901; obj val: 0.484 = 0.000 (posUnscaled) + 0.022
(neg) + 0.462 (reg)
  Pruning easy negatives
     before pruning: aneg . 901
     after pruning: Ineg . 381
  Cache holds 39 pos examples and 381 neg examples
  0 pos support vectors
  190 neg support vectors
DONE.
```

运行 python 5_evaluateResults.py。现在就准备好模型了，并且它可被用于分类其训练目的所针对的对象。这个脚本将测量分类器的精确度。其输出就是测试数据集(五张图像)的平均准确率(MAP)。

测试图像的数量只有五张，因而可能不会生成很高的精确度输出。

```
(C:\local\Anaconda3-4.1.1-Windows-x86_64\envs\entk-py35)
D:\local\ObjectDet
ectionUsingCnitk>python 5_evaluateResults.py
2018-06-05 16:29:06
PARAMETERS: datasetName = grocery
```

119

```
classifier = Svm
image_set = test
test. cache ss roidb loaded from D:\local\ObjectDetectionUsingCntk/proc/
grocery/cntkFiles/test.cache_selective_search_roidb.pkl
Processing image 0 of 5. .
Number of rois before non-maxima surpression: 1592
Number of rois after non-maxima surpression: 595
Evaluating detections
AP for orange = 0.2727
AP for eggBox = 0.7455
AP for joghurt = 0.3273
AP for ketchup = 0.7636
AP for squash = 0.4935
AP for mushroom . 0.7013
AP for water = 0.5455
AP for mustard = 0.4485
Mean AP = 0.5372
DONE .
```

运行 python 5_visualizeResults.py。这个脚本将可视化上一步中计算出的结果(见
图 3-66)。

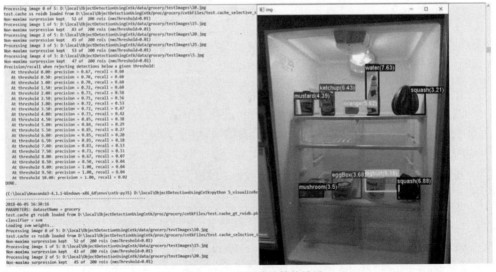

图 3-66　可视化计算的结果

这里是一个测试结果(见图 3-67)。

图 3-67　对象检测测试结果

　　这只是使用小型数据集的 CNTK 的一次小小展示。也可以使用 Visual Object Tagging Tool 创建我们自己的数据集，它是一个用于从图像和视频中构建端到端对象检测模型的 Electron 应用，可以从 https://github.com/Microsoft/VoTT 下载它。

　　此处我们所使用的杂货物品数据集总共包含 25 个注释过的图像。这些图像的数量很小，无法生成用于实际使用的任何有意义结果。训练一个神经网络需要数千张图像，这样它才能找出对象特征并且对对象进行分类。

　　此处我们所完成的就是通过训练一个外部分类器来扩展其能力，该分类器能够仅使用 20 张图像用于训练，并且仍然能得到有意义的结果。相较于全新训练一个神经网络，使用一个预先训练好的网络所需的数据和时间都较少。

　　这是一次展示可能性艺术的努力尝试。大家可以基于它进行任意构建。本章后续内容将介绍另一种基于 CNTK 的攻略。

3.6 使用自定义视觉进行产品和部件识别

大家是否听说过 Birdsnap？观鸟应用使用计算机视觉和学习来识别鸟类。或者说 Birder in the Hand，这是一个 Merlin Bird ID 手机应用，它可以识别数百种北美鸟类，由 Caltech 和 Cornell Tech 计算机视觉研究人员与 Cornell Lab of Ornithology 合作开发。这一技术的一种商业化应用就是零售行业，人们可以找出匹配的部件、饰品或者衣物。我们来看看如何才能识别部件。

3.6.1 问题

在零售行业中，存在着需要使用图像来检测产品以及识别产品部件的各种场景。例如，如果希望从货架图片中知晓哪些商品有货，或者从产品照片判断其 sku 以便搜索其库存。我们应该怎么做？

3.6.2 解决方案

首先，有一些事情需要事先处理。其中一些可能在之前的攻略中已经处理过了：

- Custom Vision 账号：除非已经有账号，否则应该在 https://www.customvision.ai 获取一个免费的试用账号。
- Node.js：在 https://nodejs.org 获取它。
- Git：在 https://git-scm.com/downloads 获取它。
- Bot Framework Emulator

(1) 接下来训练 Custom Vision。访问 customvision.ai 并且通过单击 New project 来创建一个新项目。输入项目详细信息，然后单击 Create project 按钮(见图 3-68)。

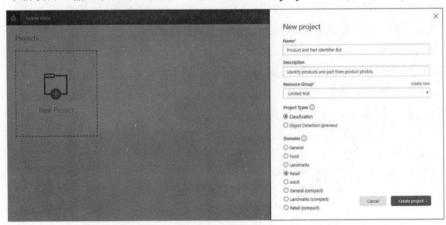

图 3-68　创建一个新的 CustomVision.ai 项目

- 项目类型：Classification——我们希望对图像进行分类。
- 领域：Retail——零售领域包含我们在购物网站上找到的产品。

(2) 现在单击 Add images 按钮，以便添加产品和部件图像，见图 3-69。

图 3-69　添加用于模型训练的图像

(3) 单击 Browse local files 按钮，选择计算机上的图像，添加标签并且上传图像(见图 3-70)。

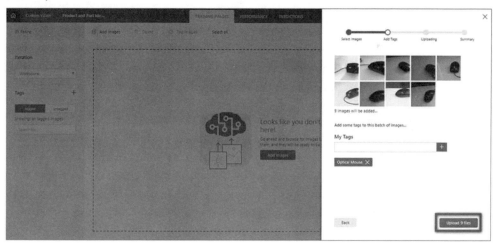

图 3-70　指定图像的标签

(4) 图像上传好之后，单击 Done 按钮继续。为其他产品重复步骤(4)~(7)，如图 3-71 所示。

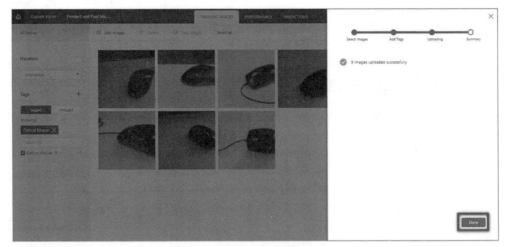

图 3-71　完成上传

添加完所有产品的图像之后，单击 PERFORMANCE 标签页，并且将 Probability Threshold 设置为 90%。该阈值越高，其结果越好(见图 3-72)。

图 3-72　设置 Probability Threshold(概率阈值)

单击 Train 按钮以启动训练(见图 3-73)。

图 3-73　训练模型

训练完成后，单击 Quick Test 按钮以测试其性能(见图 3-74)。

单击 Browse local files 按钮以便上传用于测试的图像。进行数次测试以确保训练情况令人满意(见图 3-75 和图 3-76)。

图 3-74　执行针对所训练模型的快速测试

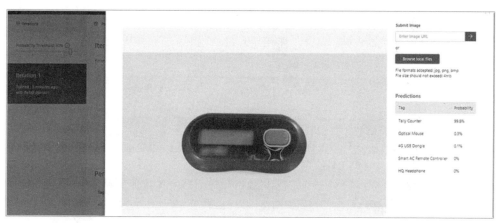

图 3-75　上传用于测试的图像

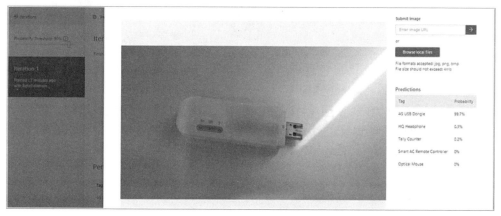

图 3-76　使用不同的图像进行测试

测试完成后，单击 PREDICTIONS 标签页(见图 3-77)。

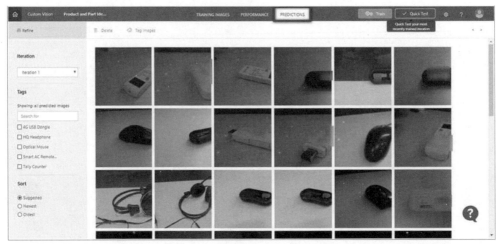

图 3-77　单击 PREDICTIONS 标签页

选择图像，对其进行标记，并且保存和关闭。为所有图像重复此步骤(见图 3-78 和图 3-79)。

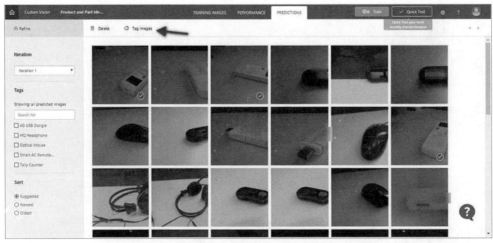

图 3-78　在 PREDICTIONS 标签页中对图像进行标记(1)

添加完所有图像的标签之后，打开 PERFORMANCE 标签页以便再次训练。持续测试和训练，直到我们对结果满意为止(见图 3-80)。

图 3-79　在 PREDICTIONS 标签页中对图像进行标记(2)

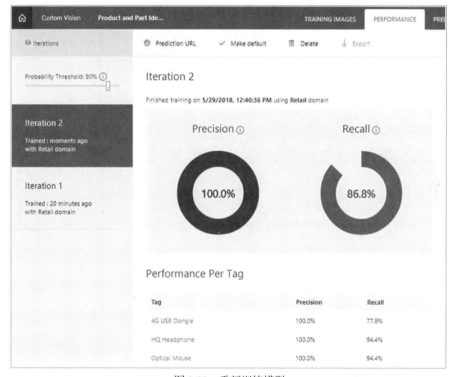

图 3-80　重新训练模型

将最后一次迭代标记为默认，这样就可以通过 API 来使用它。该迭代就是最后一次训练的模型。也可以用 API 使用其他迭代；不过，如果不提供任何迭代 ID，则会使用默认迭代(见图 3-81)。

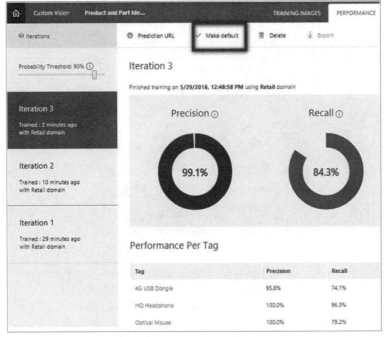

图 3-81　指定要使用的模型迭代

单击右上角的齿轮图标，以便查看项目详情，并且复制项目 ID 和预测密钥(见图 3-82)。

图 3-82　获取项目 ID 和预测密钥

现在我们要使用来自 Microsoft GitHub 仓库中的一个样本机器人来测试预测。这里是该机器人的链接：https://github.com/Microsoft/BotBuilder-Samples/tree/master/Node/core-

ReceiveAttachment(见图 3-83)。

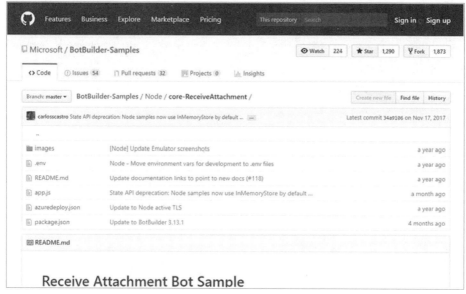

图 3-83　接收 Attachment Bot GitHub 仓库

我们可以git clone该仓库或者在计算机上创建一个文件夹。单击app.js文件，单击Raw
按钮，然后右击Save as保存该文件，以便在刚创建的文件夹中保存该文件(见图3-84)。

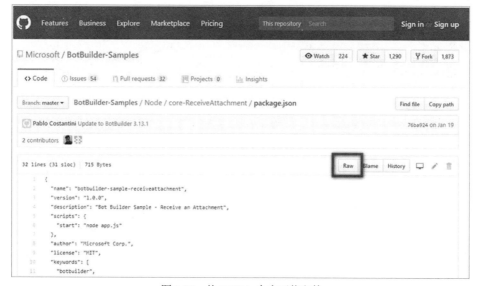

图 3-84　从 GitHub 仓库下载文件

为 package.json 文件重复此处理。

提示:
在保存文件前要确保文件扩展名是正确的。

大家可以用自己喜欢的编辑器打开该文件夹。这里使用 VS Code，打开该 app.js
文件。

```javascript
// This Loads the environment variables from the . env file
require( " dotenv-extended' ) . load( ) ;


var builder = require( ' botbuilder" ) ;
var restify - require( 'restify' );
var Promise = require( "bluebird" ) ;
var request - require( 'request-promise" ) .defaults({ encoding: null });
// Set up Restify Server
var server - restify.createServer( );
server . listen(process . env. port | | process. env. PORT | | 3978,
function () {

    console. log('Xs listening to %s', server. name, server. url);

// Create chat bot
var connector = new builder . ChatConnector({
    appId: process.env.MICROSOFT_APP_ID,
    appPassword: process. env. MICROSOFT_APP_PASSWORD
});


// Listen for messages
server.post('/api/messages' , connector. listen( ));


// Bot Storage: Here we register the state storage for your bot.
// Default store: volatile in-memory store - Only for prototyping!
// We provide adapters for Azure Table, CosmosDb, SQL Azure, or you can
impl
// For samples and documentation, see: https://github. com/Microsoft/
BotBuild
var inMemoryStorage = new builder.MemoryBotStorage( );
```

移除第 17 行和 18 行的键/值对，因为 Emulator 不需要应用 ID 和密码。

```
// Create chat bot
var connector = new builder . ChatConnector({
    appId: process . env. MICROSOFT APP ID,
    appPassword: process . env . MICROSOFT APP PASSWORD
});
```

```
// Create chat bot
var connector = new builder . ChatConnector( ) ;
```

使用 Ctrl + ` 快捷键打开终端，运行 npm install 以安装依赖。

```
$ npm install

> dtrace-provider@0.8.6 install E: \Products and Parts Identifier
Bot\node_modules\dtrace-provider
> node-gyp rebuild || node suppress-error. js
```

运行 npm start 以便运行机器人。

```
$ npm install

> botbuilder-sample-receiveattachment@1.0.0 start E: \Products and Parts
Identifier Bot
> node app. js
```

运行 Bot Emulator，并且创建新的机器人配置(见图 3-85)。

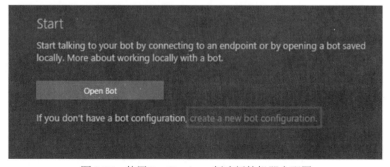

图 3-85　使用 Bot Emulator 创建新的机器人配置

　　输入机器人详细信息并且保存。可供使用的默认端点 URL 就是 http://localhost:3978/api/messages(见图 3-86)。

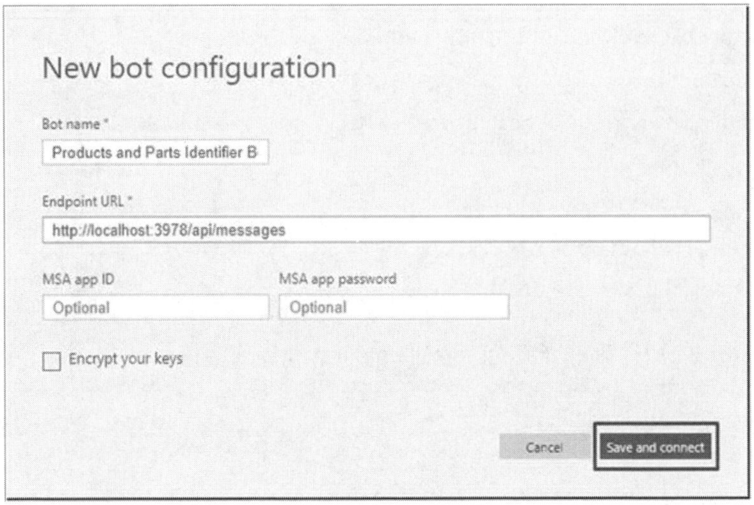

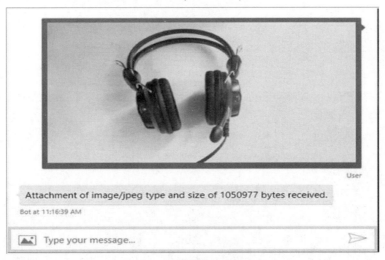

图 3-86　New bot configuration 窗口

　　连接上之后，上传一张图像用于测试(见图 3-87)。

图 3-87　将图像上传到机器人

　　现在将这段代码：

```
var reply - new builder. Message(session)
. text("Attachment of Xs type and size of Xs bytes received. ",
attachment. contentType, response. length);
```

```
Session. send (reply);

// Send reply with attachment type & size
var reply = new builder. Message(session)
. text( 'Attachment of %s type and size of %s bytes received. ',
attachment.contentType, response. length);
session. send(reply) ;
```

替换成

```
// Make a POST request to Prediction API
request({
 method: 'post',
 uri: API_URL,
 headers: {
   'Prediction-Key' : ' '
   Content-Type': "multipart/form-data"
   'Prediction-key': process.env.CUSTOM_VISION_PREDICTION_KEY
 };
 formData: { data: response },
 json: true
})

// If request is successful
.then((response)

// Check if response has predictions
if (response && response.predictions && response.predictions.length) {
   let predictions = response. predictions;
   let best = predictions[0];

   // Find best prediction - with the highest probability
   for (let i - 1; i < predictions.length; i++) {
     if (predictions[i] . probability > best. probability) {
       best = predictions[i];
     }
   }
```

```
// If the probability is higher than the threshold, send message
if (best. probability > parseFloat(process. env. CONFIDENCE_THRESHOLD) )
{
    session. send"This is a " + best. tagName);
}
// If the probability is lower than the threshold
else {
  session. send("Sorry! I don't know what it is.");
}

// If response does not have predictions
else {
  session. send("Sorry! I don't know what it is." );
}
})

  // If there is an error in POST request, send this message
  .catch((err) => session. send("I can't process your request for some
technical reasons.") ) ;
}).catch(function (err) {
```

创建一个.env 文件并且添加键值。

```
#Custom Vision Keys
CUSTOM_VISION_PROJECT_ID= ****************
CUSTOM_VISION_PREDICTION = ***************

#Confidence or Probability Threshold
CONFIDENCE_THRESHOLD= . 9
```

在第 9 行，添加这段代码。

```
const API_URL = 'https://southcentralus.api.cognitive.microsoft.com/
customvision/v2. 0/Prediction/' +
process. env. CUSTOM_VISION_PROJECT_ID + '/image';
```

再次运行机器人(使用 npm start)，并且再次将产品图像发送给机器人(见图 3-88)。

图 3-88　将图像重新上传到机器人

要从 API 得到响应需要一些时间，因此我们可以向用户发送一个输入指示，以便让用户知道机器人正在执行处理。

在第 33 行添加以下代码，再次运行机器人，并且发送产品图像。(使用 Ctrl + C 快捷键可以停止)，见图 3-89。

```
Session.sendTyping();
Var msg = session.message;
```

图 3-89　在机器人等待来自 API 的响应时显示输入中的图片

将第 102 行的代码

```
} else {

  // No attachments were sent
  var reply = new builder.Message(session)
    .text("Hi there! This sample is intented to show how can I receive
    attachments")
  session. send (reply) ;
}
```

替换成

```
} else {
  // No attachments were sent
  session. send( 'You did not send me a product image to recognize. ' )
}
```

在该文件结尾处添加以下代码。这段代码用于在机器人连接上时向用户发送一条消息，见图 3-90。

```
bot.on ( "conversationUpdate', function (activity) {
  if (activity. membersAdded) {
    const hello = new builder.Message( )
      .address (activity.address)
      .text("Hello! Send me an image of the product and I'll send you
      the actual image of the product.");
    activity.membersAdded.forEach(function (identity) {
      // Send message when the bot joins the conversation
      if (identity.id === activity.address.bot.id) {
        bot . send (hello) ;
      }
    });
  }
});
```

图 3-90　如果未上传图像，则发送响应

在 .env 文件中添加 S3 Bucket URL。

```
#S3 BUCKET PRODUCT IMAGE URL
S3 BUCKET URL=https://s3 . amazonaws.com/<bucketname>/
```

在第 78 行，将

```
session.send("This is a " + best.tagName);
```

替换成

```
if (best . probability > parseFloat(process. env. CONFIDENCE_THRESHOLD) )
  let fileName = best.tagName.replace(' ', + '+') + '.jpg' ;
  session. send({
    text: 'You have sent me an image of ' + best.tagName + '. This is the
image of the product. ",
      attachments: [
        {
          contentType: ' image/jpeg' ,
          contentU rl: process.env.S3_BUCKET_URL + fileName,
          name: best.tagName
        }
    ]
  });
}
```

S3 上的产品图像文件名称与 Custom Vision 上的标签相同。这就是可以通过构建该
串联 URL 来轻易获取图像的原因。

现在通过运行 npm start 来试试这个机器人(见图 3-91)。

图 3-91　在上传图像后发送机器人响应(1)

现在，尝试另一张图像(见图 3-92)。

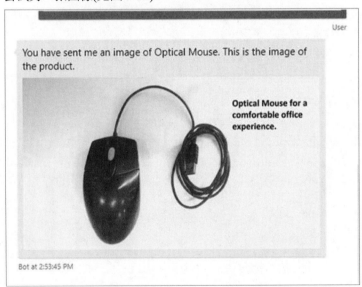

图 3-92　在上传图像后发送机器人响应(2)

现在，尝试一下无线网卡的图像(见图 3-93)。

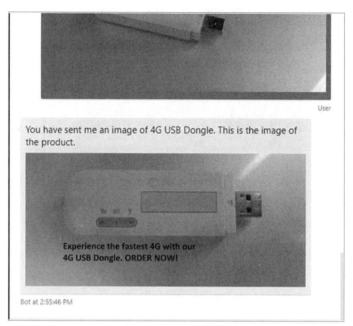

图 3-93　在上传图像后发送机器人响应(3)

再试试遥控器，见图 3-94。

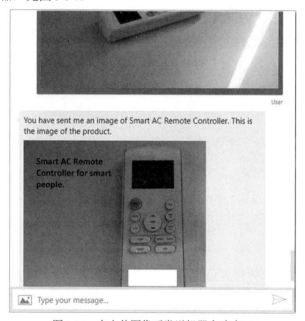

图 3-94　在上传图像后发送机器人响应(4)

试试手按式计数器，见图 3-95。

图 3-95　在上传图像后发送机器人响应(5)

如果对于任何训练过的产品得到以下消息，则要修改 .env 文件中的 CONFIDENCE_THRESHOLD(见图 3-96)。

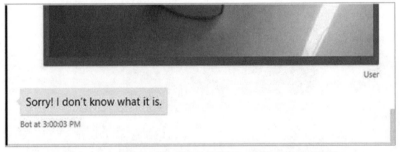

图 3-96　如果未识别出所上传的图像，则修改置信度阈值

在这个示例中，我们使用了 Node.js，它是使用了 Chrome 的 V8 JavaScript 引擎的 JavaScript 运行时，并且允许开发人员在服务器侧运行 JavaScript。它使用了一种事件驱动的、非阻塞式 I/O 模型，该模型使得它具有轻量级和高效性特性。其主要的事件循环是单线程的，不过在底层它使用了 libuv 提供异步行为。

Microsoft Bot Framework 让开发人员可以很容易地快速创建高效、智能且可扩展的机器人。这些机器人可以连接到 Microsoft 认知服务，从而让其变得更加自然。这个示例中所使用的 NPM 模块包括下面这些：

- dotenv-extended 允许我们从 .env 文件中加载环境变量。这使得环境变量的处理变得很容易且很安全。
- botbuilder 是用于 Microsoft Bot Builder Framework 的官方 Node.js 模块。

- restify 会创建 REST 端点，这样我们就能以一种简单方式连接到机器人。
- bluebird 模块让我们可以在 Node.js 中使用 Promises。(Bluebird 是一个功能完整的 promise 库，不过现在 JavaScript 已经可以在无需任何模块的情况下支持 Promise。)
- request-promise 是 request 模块的 Promise 版本；它允许我们轻易且高效地执行 HTTP 请求。

3.7　在 CNTK 中使用自定义视觉模型搜索服饰

3.7.1　问题

使用一个自定义视觉模型构建服饰搜索引擎。

3.7.2　解决方案

正如之前攻略中所介绍的，图像识别和分类可用于解决如今非常常见的业务问题，并且已经被应用到大量领域和行业中，涵盖了从自动添加文字说明到肺癌诊断，从库存检测到找出今天最适合穿的衣服等众多应用场景。大多数从事深度学习工作的人都遇到过 MNIST 数据集。它包含从 0 到 9 的手写数字的图像，且这些图像都是 28×28 的灰度图像。Keras 的发明者以及 O'Reilly Media 出版的 *Deep Learning with Python* 的作者 François Chollet，他针对 MNIST 这样说过(见图 3-97)：

图 3-97　François Chollet 发表的关于 MNIST 的推文

Zalando 是一家电子商务公司，它发布了一个新的数据集，名称为 Fashion-MNIST。这个数据集包含 60 000 个示例的训练集和 10 000 个示例的测试集。每个示例都是一张 28×28 的灰度图像，图像中是一款流行产品并且具有十个类别之一的标签。该数据集的官方仓库在这里：https://github.com/zalandoresearch/fashion-mnist。

我们要使用 Azure Notebook 来解决这一挑战。如果还没有像第 2 章那样安装设置好 Azure Notebook，则可以参考以下步骤来安装配置 Microsoft Azure Notebooks(见图 3-98)。

打开 https://notebooks.azure.com 并且登录我们的账号。如果使用的是企业账号，则可能需要特殊的权限。只要遵从我们的企业政策，那么使用企业账号开始配置可能会比使用个人账号要快一些。

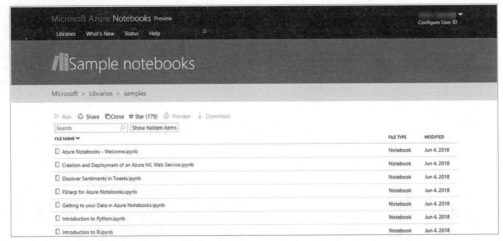

图 3-98　Microsoft Azure Notebooks

单击 Libraries 打开我们的库，它应该是空的(见图 3-99)。

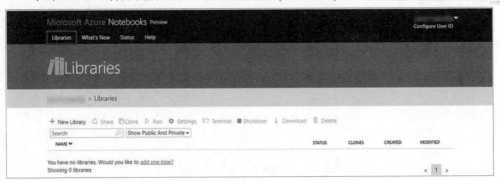

图 3-99　Azure Notebooks 上的用户库

单击 New Library 创建一个新库，见图 3-100。

输入这个新库的名称以及这个库的唯一 URL，然后单击 Create 按钮，见图 3-101。

图 3-100　创建一个新库(1)

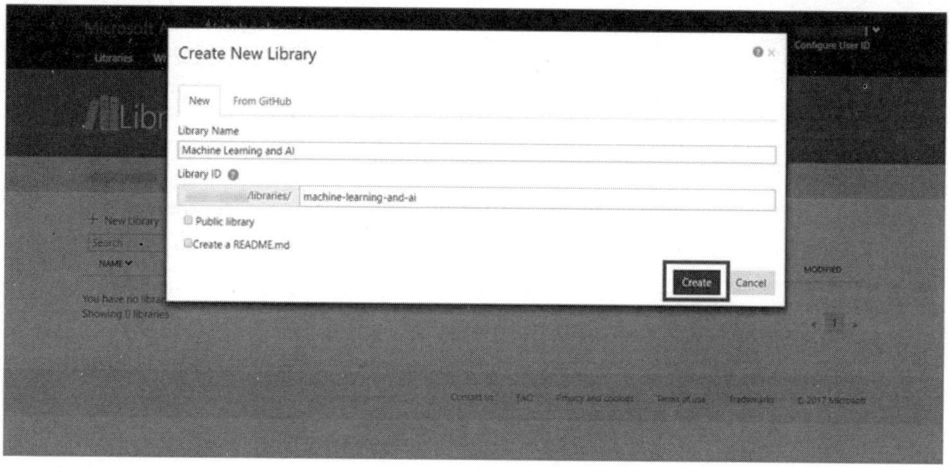

图 3-101　创建一个新库(2)

单击 New 按钮，创建一个新文件，见图 3-102。

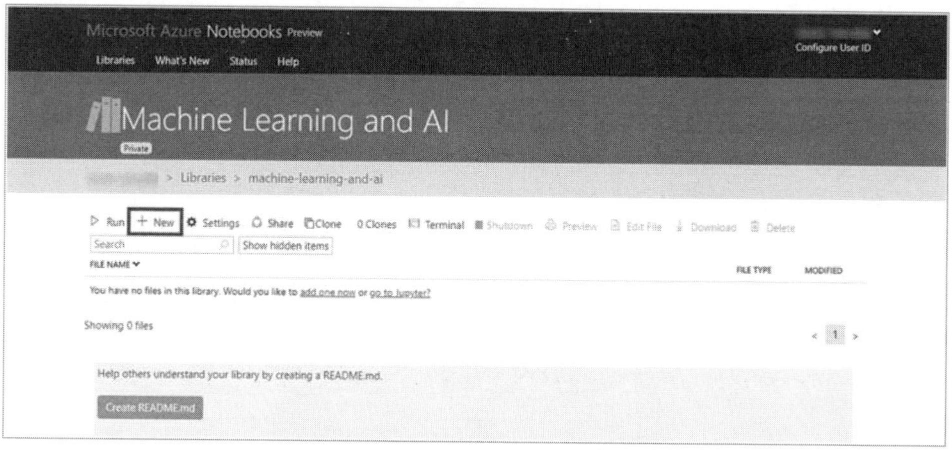

图 3-102　在这个库中创建一个新文件

填写所需的详细信息以便继续，不要忘记从下拉列表中选择 Python 3.6(见图 3-103)。

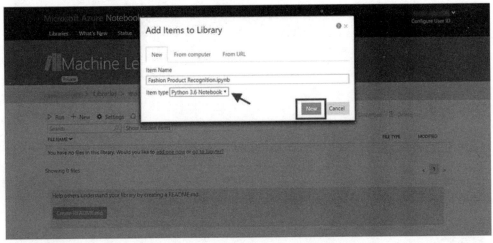

图 3-103　指定要使用的 notebook 文件名和 Python 版本

在启动之前，需要从 https://github.com/zalandoresearch/fashion-mnist#get-the-data 下载 Fashion-MNIST 数据集。

这些.gz 文件同时包含训练和测试数据集，其中包括图像和标签。可以在如图 3-104 所示的图片中找到更多信息。下载所显示的所有四个文件。

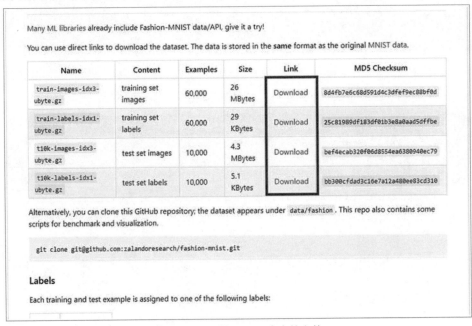

图 3-104　下载 GitHub 仓库的文件

下载完成后，使用 Notebook 的名称 input 创建一个新目录，见图 3-105。

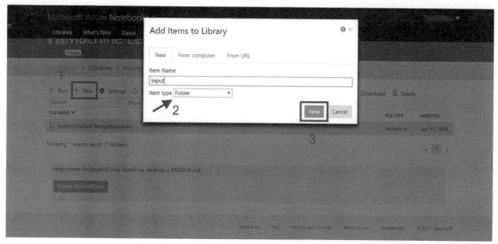

图 3-105　创建新目录

单击 input 目录打开它，然后用名称 Fashion 创建另一个目录。见图 3-106。

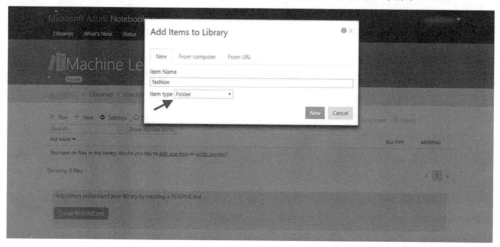

图 3-106　创建名称为 fashion 的子目录

单击 fashion 目录打开它，然后上传上一步中所下载的数据集。将所有文件上传到 Notebook，见图 3-107。

现在，回到该目录并且单击 Notebook 文件以便打开它，见图 3-108。

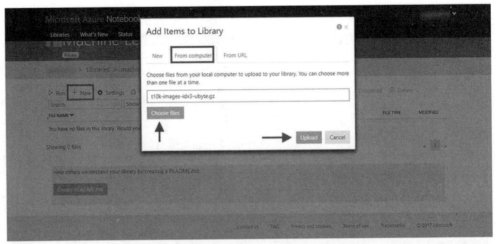

图 3-107 将数据集上传到 fashion 子目录

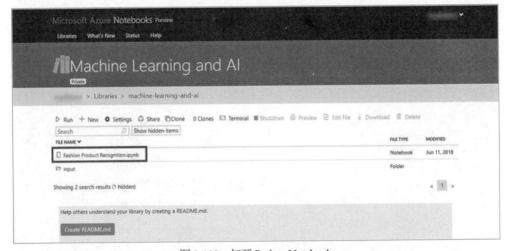

图 3-108 打开 Python Notebook

现在将以下代码复制粘贴到 Notebook 中。这段代码将导入所需的 Python 库，其中包括 TensorFlow。

```
import numpy as np
import matplotlib.pyplot as plt
import seaborn as sns
import tensorflow as tf
from tensorflow.python.framework import ops
from tensorflow.examples.tutorials.mnist import input_data
```

　　将以下代码复制粘贴到 Notebook 中。这段代码将从我们创建的目录中导入所需的数据集。

```
fashion_mnist = input_data.read_data_sets('input/fashion',
one_hot=True)
```

　　此处，one_hot = True 意味着我们想要使用独热编码。它是一种方法，可以以二进制向量的形式表示变量。值首先会被映射成整数，然后整数会被转换成二进制向量。

　　将以下代码复制粘贴到 Notebook 中。这段代码将同时显示训练和测试数据集的形状大小。重要的是，要在创建一个神经网络之前知道其形状大小。

　　此处，形状大小指的是我们所使用的数据的结构和维度，以行和列来表示。

```
print("Training set (images) shape: {shape}".format(shape=fashion_mnist.
train.images.shape))
print("Training set (labels) shape: {shape}".format(shape=fashion_mnist.
train.labels.shape))

print("Test set (images) shape: {shape}".format(shape=fashion_mnist.
test.images.shape))
print("Test set (labels) shape: {shape}".format(shape=fashion_mnist.
test.labels.shape))
```

　　每张图像都是以一个具有 28×28 = 784 个元素的一维 NumPy 数组的形式存在的。其中每个元素对应一个像素。

　　将以下代码复制粘贴到 Notebook 中。这段代码将创建一个整数和标签的词典，这样我们就能轻易地识别标签。

```
label_dict = {
 0: 'T-shirt/top',
 1: 'Trouser',
 2: 'Pullover',
 3: 'Dress',
 4: 'Coat',
 5: 'Sandal',
 6: 'Shirt',
 7: 'Sneaker',
 8: 'Bag',
```

```
9: 'Ankle boot'
}
```

现在，我们要检查其中一个样本图像，这样才能知道我们是否使用了正确的数据集。将以下代码复制粘贴到 Notebook 中。这段代码将加载一个样本图像，获取其标签，并且将其绘制到界面上。

```
sample_1 = fashion_mnist.train.images[47].reshape(28,28)
sample_label_1 = np.where(fashion_mnist.train.labels[47] == 1)[0][0]
print("y = {label_index} ({label})".format(label_index=sample_label_1,
label=label_dict[sample_label_1]))
plt.imshow(sample_1, cmap='Greys')
```

为了进行检测，我们要创建一个三层正向传播神经网络，其中每个隐藏层要具有 128 单元。然后，我们要对该网络的输出使用 Softmax 函数，以便得到针对目标类别的输出，在这个示例中是类别 10。Softmax 函数是一种逻辑函数的泛化，该逻辑函数会将任意实数值的 K-维向量 "压缩" 到另一个实数值的 K-维向量中。其中每一个元素的范围都在 0 到 1 之间，并且所有元素的合计值为 1。

将以下代码复制粘贴到 Notebook 中。这段代码将帮助声明描述我们网络的参数。这样就会简化后续阶段中的超参数调校。

此处，超参数就是指开发人员或者训练员为算法而设置的参数。超参数用于调整算法和输出。

```
n_hidden_1 = 128
n_hidden_2 = 128


n_input = 784
n_classes = 10
n_samples = fashion_mnist.train.num_examples
```

接下来，将以下代码复制粘贴到 Notebook 中。这段代码将创建一个函数，该函数可以接收一些关于输入向量维度的数据，并且返回 TensorFlow 占位符。

TensorFlow 占位符将允许我们后续轻易地将数据送到 TensorFlow。

```
def create_placeholders(n_x, n_y):
  X = tf.placeholder(tf.float32, [n_x, None], name="X")
  Y = tf.placeholder(tf.float32, [n_y, None], name="Y")
return X, Y
```

现在，是时候初始化参数了。将以下代码复制粘贴到 Notebook 中。

```
def initialize_parameters():

    tf.set_random_seed(42)

    W1 = tf.get_variable("W1", [n_hidden_1, n_input], initializer=tf.contrib.
layers.xavier_initializer(seed=42))
    b1 = tf.get_variable("b1", [n_hidden_1, 1], initializer=tf.zeros_
    initializer())

    W2 = tf.get_variable("W2", [n_hidden_2, n_hidden_1], initializer=tf.
    contrib.layers.xavier_initializer(seed=42))
    b2 = tf.get_variable("b2", [n_hidden_2, 1], initializer=tf.zeros_
    initializer())

    W3 = tf.get_variable("W3", [n_classes, n_hidden_2], initializer=
    tf. contrib.layers.xavier_initializer(seed=42))
    b3 = tf.get_variable("b3", [n_classes, 1], initializer=tf.zeros_
    initializer())

    parameters = {
      "W1": W1,
      "b1": b1,
      "W2": W2,
      "b2": b2,
      "W3": W3,
      "b3": b3
    }

    return parameters
```

这段代码将初始化三层神经网络中每一层的权重和偏差。我们要在稍后的训练中对其进行更新。在这段代码中，权重使用了 Xavier 初始化，而偏差使用 Zero 初始化。Xavier 初始化会确保权重不会过小或过大，这就能保证信号在经过许多层之后，其值仍然维持在合理的范围区间。

　　我们的神经网络将使用正向传播进行预测。在正向传播中，数据会以向前的方向从上一层流到下一层，并且仅会转移选择值。

　　为了达成这一目标，要将以下代码复制粘贴到 Notebook 中。这段代码将创建一个函数，该函数会接收所输入的图像以及参数词典，并且返回最后一个线性单元的输出。ReLU 是一种 max 函数(x, 0)，它会从一个卷积后的图像中获取一个矩阵。然后该函数会将所有的负值设置为 0，其余的值则保持不变。这样就简化并且加速了学习过程。

```
def forward_propagation(X, parameters):

# Get parameters from dictionary
W1 = parameters['W1']
b1 = parameters['b1']
W2 = parameters['W2']
b2 = parameters['b2']
W3 = parameters['W3']
b3 = parameters['b3']

# Carry out forward propagation
Z1 = tf.add(tf.matmul(W1,X), b1)
A1 = tf.nn.relu(Z1)
Z2 = tf.add(tf.matmul(W2,A1), b2)
A2 = tf.nn.relu(Z2)
Z3 = tf.add(tf.matmul(W3,A2), b3)
return Z3
```

　　下一步就是计算代价函数。以下代码片段将有助于创建一个函数，该函数会使用接收自第二个隐藏层的数据以及我们尝试预测的实际类别来计算代价。

　　代价就是衡量神经网络所预测的目标类别和 Y 中实际目标类别之间差异的指标。换句话说，它就是神经网络所预测的类别值与实际类别之间差异的测量值。在反向传播以便更新权重期间，将使用这一代价值。代价越大，每个参数更新的需要也就越大。代价与精准度成反比，也就是说，代价越高，结果的精确度就越低，因而就需要进行更大的调整。

　　举个非常简单的例子，如果一部智能手机的实际价格是 500 美元，而预测价格是 425 美元，那么代价就是 75 美元。这样一来，就需要提升算法以便进行具有较低代价的预测。然后就会再次进行预测，预测结果可能会是 440 美元。那么现在代价就是 60 美元了。这一过程需要重复进行，直到我们得到预期的结果。将以下代码复制粘贴到 Notebook 中。

```
def compute_cost(Z3, Y):
  # Get logits (predictions) and labels
  logits = tf.transpose(Z3)
  labels = tf.transpose(Y)

  # Compute cost
  cost = tf.reduce_mean(tf.nn.softmax_cross_entropy_with_
  logits(logits=logits, labels=labels))

  return cost
```

　　为了让神经网络可以正常运行，反向传播是一个必不可少的步骤，因为它会基于上一次计算的代价来确定参数(权重和偏差)的更新程度。

　　总之，我们要创建一个名称为 model() 的函数，它将执行从初始化参数到计算代价的所有处理。它会接收训练和测试数据集，并且在构建了网络和训练了该网络之后，该函数将计算模型的精确度并且返回最终更新后的参数词典。

　　复制粘贴以下代码以便创建模型。

```
def model(train, test, learning_rate=0.0001, num_epochs=16, minibatch_
  size=32, print_cost=True, graph_filename='costs'):

# Ensure that model can be rerun without overwriting tf variables
  ops.reset_default_graph()

  # For reproducibility
  tf.set_random_seed(42)
  seed = 42
  # Get input and output shapes
  (n_x, m) = train.images.T.shape
  n_y = train.labels.T.shape[0]

  costs = []

  # Create placeholders of shape (n_x, n_y)
  X, Y = create_placeholders(n_x, n_y)

  # Initialize parameters
  parameters = initialize_parameters()
```

```
# Forward propagation
Z3 = forward_propagation(X, parameters)

# Cost function
cost = compute_cost(Z3, Y)

# Backpropagation (using Adam optimizer)
optimizer = tf.train.AdamOptimizer(learning_rate).minimize(cost)

# Initialize variables
init = tf.global_variables_initializer()

# Start session to compute TensorFlow graph
with tf.Session() as sess:

# Run initialization
sess.run(init)

# Training loop
for epoch in range(num_epochs):

epoch_cost = 0.
num_minibatches = int(m / minibatch_size)
seed = seed + 1

for i in range(num_minibatches):


# Get next batch of training data and labels
minibatch_X, minibatch_Y = train.next_batch(minibatch_size)

# Execute optimizer and cost function
_, minibatch_cost = sess.run([optimizer, cost], feed_dict={X:
minibatch_X.T, Y: minibatch_Y.T})

# Update epoch cost
epoch_cost += minibatch_cost / num_minibatches

# Print the cost every epoch
if print_cost == True:
print("Cost after epoch {epoch_num}: {cost}".format(epoch_num=epoch,
```

```
            cost=epoch_cost))
            costs.append(epoch_cost)

    # Plot costs
    plt.figure(figsize=(16,5))
    plt.plot(np.squeeze(costs), color='#2A688B')
    plt.xlim(0, num_epochs-1)
    plt.ylabel("cost")
    plt.xlabel("iterations")
    plt.title("learning rate = {rate}".format(rate=learning_rate))
    plt.savefig(graph_filename, dpi=300)
    plt.show()

    # Save parameters
    parameters = sess.run(parameters)
    print("Parameters have been trained!")

    # Calculate correct predictions
    correct_prediction = tf.equal(tf.argmax(Z3), tf.argmax(Y))

    # Calculate accuracy on test set
    accuracy = tf.reduce_mean(tf.cast(correct_prediction, "float"))

    print ("Train Accuracy:", accuracy.eval({X: train.images.T, Y: train.labels.T}))
    print ("Test Accuracy:", accuracy.eval({X: test.images.T, Y: test.labels.T}))

    return parameters
```

现在复制粘贴以下代码以便运行模型。

```
train = fashion_mnist.train
test = fashion_mnist.test
parameters = model(train, test, learning_rate=0.0005)
```

学习速率指的是模型应该以多快的速度来变更其关于某方面的信心。高学习速率意味着，模型将快速忽略之前的知识并且学习新知识，而这将带来较低的精确度。另一方面，非常低的学习速率会让处理过程变得极其缓慢，因为模型会记住所有对象的特征。

最理想的学习速率必须是不高也不低的。epoch 指的是所有训练图像都经过一次正向传播和反向传播。因此，epoch 的数量代表着模型从训练数据集中学习的次数(见图 3-109)。

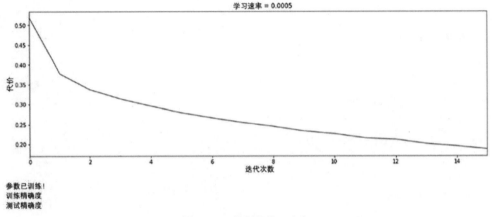

图 3-109　模型的学习速率

该模型运行得相当不错，因为精确度超过了 88%。

第4章

文本分析：暗数据前沿

人类：我们想要什么？
计算机：自然语言处理！
人类：我们何时需要它？
计算机：我们何时需要什么？

——Reddit 网站

　　文本无处不在。Gartner 的分析师估计，如今至少有超过 80% 的企业数据都是非结构化的。我们每天的交互都会生成这样的难以计数的数据，其中包括推文、博文、广告、新闻、文章、研究论文、描述性文字、电子邮件、YouTube 评论、Yelp 评论、保险公司的调查问卷，以及通话记录；其间充斥着大量的非结构化数据，并且其中大部分都是文本。另一种描述如此之多很有价值的数据(除了 YouTube 评论——那些数据没什么意义！)的通用方式就是将这些数据分类为暗数据。这个术语源自何处没人清楚，不过它是由斯坦福大学的 Chris Re 博士推而广之的，Chris Re 博士发起了 DeepDive 计划，旨在从暗数据中提取出有价值的信息。该术语指的是以各种方式收集到的海量原始信息，而这些数据目前还难以分析。

　　文本分析是一个多步骤处理过程，其中包括构建一个管道来处理大型的非结构化数据集。该过程首先需要进行数据加工；例如，对文本内容进行捕获、分类排序、筛选、匹配词干提取。然后这些数据就可以可视化成词云，以便让聚类在一起的概念变得有意义。文档的聚类和分类有很多用途，比如，分类诊疗、相似度分析，以及类似于大海捞针这样的相关信息查找等。文档分类、聚类以及汇总都具有真实的业务影响。

　　理解社交媒体上所反映出的客户情绪对于企业而言非常重要，尤其是在如今类似于 Twitter 这样的信息洪流的环境下。声誉是可以被损毁的，当媒体上出现不利于企业的负面情绪时，尤其是在该负面情绪来自于不那么可靠的消息源时，如果企业不发出自己的声音，那么该公司的信誉可能就会变得岌岌可危。如今的机器学习算法可以提供绝佳的能力来执行主题建模，并且借助社交媒体的语言文字风格和置信度来理解情绪，其中包括生气、愉快、厌恶、恐惧和悲伤。

理解非结构化数据非常重要，我们可以在各种场合看到其实现。Apple 最近收购了 Lattice.IO，这是一家暗数据挖掘公司，它基于斯坦福的开源 DeepDive 技术构建了一个平台。DeepDive 是一款开源工具，它旨在从各种暗数据源中提取有价值的信息，这些暗数据源包括文本文档、PDF 等。按照官方说法，DeepDive 是"用于统计推论的编程和执行框架，它让我们可以连带解决数据清洗、提取和整合问题。"DeepDive 及其包括 Snorkel 和 Fonduer 在内的相关项目，就是学术界在持续推进的理解非结构化文本处理的一些努力。DeepDive 被用于理解和处理期刊论文。Regina Barzilay 博士是我在 MIT 时的教授之一，也是电子工程和计算机科学专业的教授，由于她在非结构化文本分析和自然语言处理领域的卓越贡献，她最近荣获了麦克阿瑟天才奖。Barzilay 博士的研究涵盖了 NLP 的多个领域，其中包括句法分析和消亡语言破译，以及开发训练神经网络的新方法，以便能够为神经网络的决策提供理论依据。

接下来我们要使用认知服务研究其中的一些应用。

4.1　文本分析生态系统概览

挖掘非结构化数据中的文本化信息分析是机器学习的其中一种早期实现，并且曾经被赋予过各种名称，包括暗数据挖掘、非结构化数据分析以及文本挖掘。虽然非结构化数据并不局限于原始文本，不过大部分时候指的就是原始文本，比如应用日志、遥测技术信息、标准操作过程、维基文档、企业文档库、PDF 文件、电子邮件等。

可以想见，市面上涌现了各种解决方案用以处理、分析、可视化这些信息，并且最终将这一信息财富变现。这些解决方案包括内部部署的软件解决方案、云端工具集以及融合了这两者优点的混合 SDK。本章将通过一些简单示例简要回顾文本分析库目前的情况，然后深入讲解用于文本分析的 Cognitive Services(认知服务)API。

4.1.1　CoreNLP

```
https://stanfordnlp.github.io/CoreNLP/simple.html
```

斯坦福的 CoreNLP 是一款集成式自然语言处理工具集，它具有多种多样的自然语言处理工具，其中包括词性(POS)标注、语法分析工具、实体识别、模式学习以及句法分析，其运行速度很快且结果精准，并且能够支持多种主要语言。实体检测这一能力指的是检测公司、人、对象和概念的名称，然后将其关联到实体并且执行上下文敏感的搜索。

CoreNLP 还支持数据的特征化和标准化，比如标准化日期、时间和数量。它支持各种语言以及规模化的任意文本的标注。正如其产品页面宣称的，CoreNLP "提供了根据短语和句法依赖关系针对语句结构进行标记的能力，可以表明哪些名词短语指的是相同实体，也可以表明情绪，并且提取或者公开所涉及实体之间的关系。"

CoreNLP 库中的 API 可用于绝大多数现代编程语言，并且提供了简单却极其有用的功能，比如作为一个简单 Web 服务来运行的能力。

不过，对于商业化项目而言，其许可是有附带费用的，并且即使是对于较大的企业来说也是比较贵的。

4.1.2　NLTK——Python 自然语言工具集

```
https://www.nltk.org
```

可以认为 NLTK 是最流行的 Python 库，它解决了重大的自然语言处理挑战，并且被广泛用于教育和研究领域。这个库支持的应用领域包括，文本处理、信息提取、文档分类和情绪分析、文档相似度、自动汇总以及话语分析。

NLTK 内置了超过 50 种语料库和训练模型的支持，其中包括 Open Multilingual Wordnet、NPS Chat 和 SentiWordNet。

首先可以使用 NLTK 的最简单形式，如下所示：

```
monty = "Monty Python's "\
... "Flying Circus."
monty*2 + "plus just last word:" + monty[-7:]
"Monty Python's Flying Circus.Monty Python's Flying Circus.plus
just last word:Circus."
monty.find('Python') #finds position of substring within string
6
monty.upper() +' and ' = monty.lower()
"MONTY PYTHON'S FLYING CIRCUS. and monty python's flying circus."
monty.replace('y', 'x')
"Montx Pxthon's Flxing Circus
```

NLKT 的高级实现可能具有较为陡峭的学习曲线，不过这是一个可用于生产环境的满足各种业务使用场景的解决方案。

4.1.3　SpaCY

```
https://spacy.io/
```

SpaCY 被描述为一种"具有行业化优势"的 Python 库，它是使用 Cython 构建的。

SpaCY 是一个用于自然语言处理的免费开源软件。其功能包括 NER(命名实体识别)、POS(词性)标注、依存分析、词向量等。

不同于包罗万象的 NLTK，SpaCY 是最小化且目标明确的。SpaCY 的理念是，仅为每种目的提供一种算法(最好的一个算法)。尽管它目前仅支持英语，这也是其主要的限制，但这个库的运行速度非常快。

不过，关于其评价基准是存在争议的，最近 Manning 博士就这一点发表了意见：

这里是 CoreNLP 对比的链接：https://nlp.stanford.edu/software/tokenizer.html#Speed。

4.1.4　Gensim

```
https://radimrehurek.com/gensim/tutorial.html
```

Gensim 被称为人类主题建模，它是一个精心优化的用于主题建模和文档相似度分析的库。Gensim 脱胎于一个用于捷克数字化数学运算库的各种 Python 脚本的集合。主题模型提供了一种简单明了的方式来分析大量的未标记文本。一个"主题"是由一个频繁共同出现的单词聚类构成的。基于上下文线索，主题模型可以将具有相似含义的单词联系在一起，并且可以在具有多种含义的单词使用之间进行区分。Gensim 可用于应对围绕主题建模的特定挑战，并且其作用非常明显。其主题建模算法都是最高水准的，比如其 Latent Dirichlet Allocation(LDA)实现。此外，Gensim 也是健壮、高效且可扩展的。

4.1.5　Word2Vec

```
https://www.tensorflow.org/tutorials/word2vec
```

虽然 Word2Vec 并不是一个库，但我们认为它对于单词的向量化表示而言非常重要。Word2Vec 是一个处理文本的双层神经网络。用于单词学习向量表示的模型被称为"词嵌入"。

Word2Vec 的输入是一个文本语料库，其输入会被转换成一个向量集合——更准确地说，就是特征向量——以表示该语料库中的单词。从技术上讲，Word2Vec 并非深度神经网络，并且其功能是基于将相似的单词在向量空间中分组到一起而实现的。不过，Word2Vec 有助于将文本转换成深度神经网络可以处理的数值形式。该文本语料库几乎可以是任何可以编码的内容，比如遗传编码、图形、音乐播放列表，或者其他任何语音或符号序列，从而也就产生了各种 Word2Vec 变体，比如 Gene2Vec、Doc2Vec、Like2Vec 和 Follower2Vec。

4.1.6　GloVe——词表示的全局向量

https://nlp.stanford.edu/projects/glove/

就像 Word2Vec 一样，GloVe 是一种无监督学习算法，它会将单词转换成向量的一种几何编码；不过，Word2Vec 可以被分类为预测式，而 GloVe 则是基于计数的模型。在 GloVe 中，数据训练是基于对文本语料库的聚合式全局单词-单词共生统计来进行的，从而产生出有用的共生信息，也就是大型文本语料库中的共生频率。

可以从斯坦福的 GloVe 网站上下载预先训练好的词向量，同时也可以在 GitHub 上找到相关的仓库。

4.1.7　DeepDive——功能，而非算法

http://deepdive.stanford.edu

正如前面所说的，DeepDive 是一个基于机器学习的系统，它用于从非结构化的暗数据中提取出有价值的信息。它被用作几个重要项目的基础，包括下面这些：
- MEMEX——基于大型互联网语料库的人口贩卖检测。
- PaleoDeepDive——供古生物学家使用的知识库。
- GeoDeepDive——地质学期刊论文信息提取。
- Wisci——向维基百科添加结构化数据。

4.1.8　Snorkel——用于快速训练数据创建的系统

https://hazyresearch.github.io/snorkel/

Snorkel 是由 DeepDive 团队构建的，它提供了一个系统，用于在欠缺大型、训练过、标注好的数据集的情况下创建训练数据集。这是通过作为数据编程范式的一部分的弱监督函数来完成的。

4.1.9　Fonduer——来自富格式化数据的知识库构造

```
https://github.com/HazyResearch/fonduer
```

类似于 Snorkel，Fonduer 提供的能力是，从像表格、PDF 文件等的富格式化数据中进行知识库构造(KBC)。我们可以在多模式源中定义弱监督函数，如图 4-1 所示，以便识别可以提取出来的不同类型文档中的模式(如后面表格所示)。在以下示例中，可以看到如何从 PDF 文档中基于单元格记录的结构、位置以及数据类型和值来提取它们。

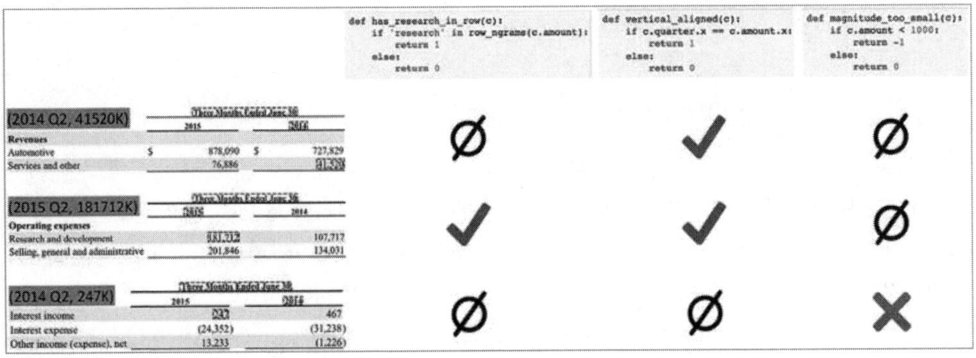

图 4-1　将富格式数据从表格中提取出来的 Fonduer 函数

4.1.10　TextBlob——简化文本处理

```
https://textblob.readthedocs.io/en/dev/
```

TextBlob 是一个 Python 库，它提供了一个调用 NLTK 的简单直观的接口，以用于处理文本数据。像其他早已投入使用的工具库一样，TextBlob 的功能包括名词-短语提取、词性标注、情绪分析、分类(朴素贝叶斯、决策树)、符号化、频率检测、n-grams、词形变化(多元化和个别化)和词形还原、拼写检查，以及 wordNet 整合等。

刚才提到的大部分库都可以通过 Python 和 R 来使用。有一个 cran.R 项目(cran.r-project.org/web/views/NaturalLanguageProcessing.html)，它提供了许多具有 NLTK 功能集的包。对于 Java 和 R 而言，也可以使用 OpenNLP 和 LingPipe。市面上还有各种商业化应用程序，比如 SAS Text Analytics 和 SPSS 工具，它们提供了特定于行业的解决方案和实现。

4.1.11　基于云端的文本分析和 API

除了之前提到的库之外，还有各种 API 可用，其中包括 Watson Natural Language Understanding、Amazon Comprehend、Google Cloud Natural Language、Microsoft

LUIS(Language Understanding Intelligent Service)等。本书将主要讲解 Microsoft LUIS；图 4-2 是其功能集的对比分析。

Features	Amazon Comprehend	Google Cloud Natural Language	Microsoft Azure Text Analytics	IBM Watson Natural Language Processing
Entity Extraction	✔	✔	✔	✔
Sentiment Analysis	✔	✔	✔	✔
Syntax Analysis (Spell check etc.)	✘	✔	✔	✘
Topic Modeling	✔	✔	✘	✘
POS Tagging	✔	✔	✔	✔

图 4-2 功能集的对比分析

4.2 索赔分类

4.2.1 问题

为汽车保险索赔和家居保险索赔执行文本分类。用于前面两种索赔的已标注训练数据为我们提供了分类示例。使用这些数据构建一个模型，以便将未来的索赔分类到正确的类别。

4.2.2 解决方案

所提供的数据集已经包含汽车和家居分类。例如，汽车保险索赔看起来会像下面这样：

在回家的路上，我驶入了错误的房子附近，并且撞到了一棵树。
另一辆车撞到了我的车，并且这辆车没有打转向灯。
我以为车窗已经放下来了，但当我尝试把头伸出车窗外时才发现并非如此。

而家居保险索赔具有类似于这样的文本描述：

地震发生时响起了剧烈的隆隆声，然后我们听到了破裂声，因为露台倾塌到了大海中。

窃贼打碎了我们起居室的窗户，溜进了屋里。

我们忘记熄灭浴室中的蜡烛。附近挂着的一条毛巾着火了，然后烧毁了整个浴室。

4.2.3　运行机制

使用以下命令安装 TensorFlow：

```
pip install tensorflow
```

这个命令将安装 TensorFlow 及其依赖项。

使用以下命令安装 TFLearn：

```
pip install tflearn
```

这是 TensorFlow 的一个高级别深度学习 API。

使用 Python 启动 Python 解释器，并且输入以下命令：

```
import nltk
nltk.download("all")
This will take some time as it will download all data packages. Once the
download is completed, you will get a success message.[nltk_data]
[nltk_data]    Done downloading collection all
True
```

如果出现一条错误：

```
ModuleNotFoundError: No module named 'nltk'
```

则必须使用以下命令安装 nltk：

```
pip install nltk
```

1. 导入模块

我们要使用 TFLearn 库来构建和训练分类器。此外，还要依赖所提供的一个辅助库来执行常用的文本分析函数，这个辅助库被称为 textanalytics。可以在我们使用的编辑器中打开 textanalytics.py 来查看这个文件的内容。这里使用的是 Visual Studio 代码。

在 Python 解释器中运行以下命令：

```
import numpy as np
import re
import tflearn
from tflearn.data_utils import to_categorical
import textanalytics as ta
```

可以完全忽略其输出中像 hdf5 is not supported on this machine 或者 curses is not supported in this machine 这样的警告信息。

如果出现还未安装 sklearn 或者 scipy 的错误，则要使用 pip install sklearn 和 pip install scipy 进行安装。

2. 训练数据准备

这个示例中提供了一个小型文档，其中包含了作为索赔文本而接收的文本示例，这些文本由 Solliance 有限公司提供。这些索赔文本位于一个文本文件中，每行包含一个示例索赔。

输入以下命令以便读取 claims_label.txt 的内容：

```
claims_corpus = [claim for claim in open("claims_text.txt")]
claims_corpus
["coming home, I drove into the wrong house and collided with a tree I
don't have. \n",
through my window was down, but I found out it was up when I put my head
through it. \n
through my windshield into my wife's face.\n", 'A pedestrian hit me and
went under my \n
telephone pole.\n", "I had been driving for forty year when I fell asleep
at the whee
red where no stop sign had ever appeared before.\n, 'My car was legally
parked as it
r and vanished.\n, 'I told the police that I was not injured but on
removing my hat,
on to run, so I ran over him.\n', ' I saw a slow moving, sad old faced
gentleman as he
I was later found in a ditch by some stray cows. \n ' , 'I was driving down
```

```
El camino a
dan pulled up behind me. When the left turn light changed green, the black
sedan hit me
it was still red. After hitting my car, the black sedan backed up and then
sped past me
```

除了这些索赔示例之外，Contoso 有限责任公司也提供了一个文档，其中将所提供的每个示例索赔标记为 0("家居保险索赔")或者 1("汽车保险索赔")。这些信息也位于一个文本文件中，每行一个示例，其顺序与索赔文本相同。

输入以下命令来读取 claims_labels.txt 的内容：

```
labels = [int(re.sub("\n", "", label)) for label in
  open("claims_labels.txt")]
labels
[1, 1, 1, 1, 1, 1, 1, 1, 1, 1, 1, 1, 1,1, 1, 1, 1, 1, 1, 1, 0, 0, 0, 0,
  0, 0, 0, 0, 0, 0, 0, 0, 0, 0, 0, 0, 0, 0, 0, 0]
```

我们不能使用整数值。可以使用 TFlearn 的 to_categorical 方法将这些值转换成二进制类别值。

运行以下命令将值从整数转换成二进制类别值：

```
labels = to_categorical(labels, 2)
labels


array([[0. , 1.],
         [0. , 1.],
         [0. , 1.],
         [0. , 1.],
         [0. , 1.],
         [0. , 1.],
         [0. , 1.],
         [0. , 1.],
         [0. , 1.],
         [0. , 1.],
         [0. , 1.],
         [0. , 1.],
         [0. , 1.],
         [0. , 1.],
```

```
            [0. , 1.],
            [0. , 1.],
            [0. , 1.],
            ....,
            [0. , 1.],
            [0. , 1.],
            [0. , 1.]])
```

3. 索赔语料库归一化

所提供的 textanalytics 模块会负责实现我们期望的归一化逻辑。总的来说，它会执行以下处理：

- 展开缩略语(例如将 can't 变成 cannot)。
- 将所有文本变为小写。
- 移除特殊字符(比如标点符号)。
- 移除停用词(比如像 a、an 这样的词，以及没有任何意义的词)。

运行以下命令并且观察索赔文本是如何被修改的：

```
norm_corpus = ta.normalize_corpus(claims_corpus)
norm_corpus
[' coming home drove wrong house collided tree', 'car colloid'
way', 'truck backed windshield wifes face', 'pedesttrian
', 'attempt kill fly drove telephone pole' , 'driving forty
'car legally parked backed car', 'invisible car came nowh
run ran, 'saw slow moving sad old faced gentleman bounce
rnoon sun bright shining behind stoplight made hard see l
black sedan hit thinking light changed us moved light st
'caught end yellow light car moved intersection light turn
ing tore roof house wind took hour precious paintings', '
emolished one wall', 'snow began pile high tree front yar
ollect second story patio collapsed weight', 'strong winds
uake heard crack patio collapsed ocean', 'earthquake crea
```

4. 特征提取：索赔语料库向量化

文本分析中特征提取的目标是，创建文本文档的数值表示。在特征提取期间，会识别出一份包含每个独特单词的"词典"，并且每个单词都会变成输出中的一列。换句话说，所输出的表格会与词典长度一样宽。

　　每一行都代表一个文档。每个单元格中的值通常就是该单词在文档中相对重要性的测量值，其中如果词典中的单词并未出现，那么该单元格在该单词列上的值就是零。换句话说，这个表的行数与语料库中的文档总数相同。

　　这个方法使得针对数值数组进行操作的机器学习算法也可以针对文本进行操作，因为每个文本文档现在都被表示为一个数值数组。

　　深度学习算法是基于张量来处理的，张量也是向量(或者说数值数组)，因而这一方法也可以用于准备深度学习算法要使用的文本。

　　运行以下命令以便观察 norm_corpus 中索赔文本的向量化版本是什么样子的：

```
vectorizer, tfidf_matrix = ta.build_feature_matrix(norm_corpus)
data = tfidf_matrix.toarray()
print(data.shape)
(40, 258)
```

数据如下

```
array ([[0., 0., ..., 0., 0., 0.,],
        [0., 0., ..., 0., 0., 0.,],
        [0., 0., ..., 0., 0., 0.,],
        ....,
        [0., 0., ..., 0., 0., 0.,],
        [0., 0., ..., 0., 0., 0.,],
        [0., 0., ..., 0., 0., 0.,]])
```

5. 构建神经网络

　　现在我们已经将训练文本数据归一化，并且从中提取出特征，可以开始构建分类器。在这个例子中，我们要构建一个简单的神经网络。该网络将具有三层的深度，并且一层中的每个节点都会被连接到下一层中的每个节点。这就是全连接的含义。可以应用一个回归来训练模型。

　　运行以下命令以便构建该神经网络的结构：

```
net = tflearn.input_data(shape=[None, 258])
net = tflearn.fully_connected(net, 32)
net = tflearn.fully_connected(net, 32)
net = tflearn.fully_connected(net, 2, activation="softmax")
net = tflearn.regression(net)
```

可以从中看出，第一行中定义了输入数据会是 258 列宽(按照我们的"词典"排列)，还将长度定义为未指定的文档数量。这就是 shape=[None,258]所定义的内容。

另外，可以看看第二行到最后一行，它们定义了输出。这同样是一个全连接层，不过它仅有两个节点。这是因为该神经网络的输出仅有两个可能值。

介于输入数据和最终的全连接层之间的层代表着我们的隐藏层。我们要根据经验来估计应该使用多少层以及每层应该具有多少节点，并且通过迭代来测量模型的性能。根据过往经验，大部分神经网络的所有隐藏层都应该使用相同的维度。

6. 训练神经网络

现在我们已经有了神经网络的结构，接下来要创建 DNN 类的实例，并且将其提供给我们的神经网络。这个类会变成我们的模型。

运行以下命令：

```
model = tflearn.DNN(net)
```

这样我们就准备好让 DNN 通过针对训练数据和标签进行拟合来学习了。

运行以下命令以便针对数据进行模型拟合：

```
model.fit(data, labels, n_epoch=10, batch_size=16, show_metric=True)
```

7. 测试索赔分类

现在我们已经构造好一个模型，可以针对一组索赔进行测试了。回顾一下，我们需要使用训练期间所用的相同管道来对文本进行归一化和特征化处理。

运行以下命令来准备测试数据：

```
test_claim = ['I crashed my car into a pole.', 'The flood ruined my
house.', 'I lost control of my car and fell in the river.']
test_claim = ta.normalize_corpus(test_claim)
test_claim = vectorizer.transform(test_claim)
test_claim = test_claim.toarray()
print(test_claim.shape)
```

现在，运行以下命令来使用该模型进行分类预测：

```
pred = model.predict(test_claim)
pred
array([[0.48525476, 0.5147453 ],
       [0.5027783 , 0.4972217 ],
       [0.49397638, 0.50602365]], dtype=float32)
```

读取上述输出的方法是，每个文档都有一个数组。数组中的第一个元素对应于其具有 0 标签的置信度，第二个元素对应于其具有 1 标签的置信度。检验这一输出的另一种方式就是使用标签。

运行以下命令，从而以这种方式来显示预测结果：

```
pred_label = model.predict_label(test_claim)
pred_label
```

```
array([[0. , 1.],
       [0. , 1.],
       [0. , 1.]], dtype=int64)
```

注意，每个数组都表示一个文档，其标签是根据其置信程度的排列顺序来显示的。因此数组中的第一个元素表示模型所预测的标签。

8. 模型导出和导入

现在我们有了一个可以运行的模型，接下来需要将这个训练好的模型导出成一个文件，以便让它可被用于下游部署的 Web 服务。为了导出该模型，需要运行 save 命令并且提供一个文件名。

```
model.save('claim_classifier.tfl')
```

为了测试将模型重新加载到同一会话中，首先需要重置默认的 TensorFlow 图形。运行以下命令以重置该图形：

```
import tensorflow as tf
tf.reset_default_graph()
```

在可以加载所保存的模型之前，我们需要重建该神经网络的结构。然后可以使用 load 方法来读取硬盘中的模型文件。运行以下命令来加载模型：

```
net2 = tflearn.input_data(shape=[None, 258])
net2 = tflearn.fully_connected(net2, 32)
net2 = tflearn.fully_connected(net2, 32)
net2 = tflearn.fully_connected(net2, 2, activation="softmax")
net2 = tflearn.regression(net2)
model2 = tflearn.DNN(net2)
model2.load('claim_classifier.tfl', weights_only=True)
```

像之前一样，可以使用该模型来执行预测。运行以下命令以便使用重新加载的模型来尝试进行预测：

```
pred_label = model2.predict_label(test_claim)
pred_label
pred_label[0][0]
```

这个重新加载的预测模型提供了预测索赔的结果，其中所产生的 1 这个值就是一个基于该数据集的有效索赔。

4.3　获悉公司的健康状况

4.3.1　问题

根据法律要求，上市公司和一些外国实体组织需要向美国证券交易委员会(Securities and Exchange Commission，SEC)披露其企业经营状况和运营健康状况。SEC 使用其 EDGAR(Electronic Data Gathering, Analysis, and Retrieval，电子数据收集、分析和检索)系统来收集、验证、索引、接受以及转发所提交的披露信息，并且该系统会将这些数据对外公开，以便对这些具有时效性的企业信息进行分析。

这里有一份完整描述：https://www.sec.gov/edgar/aboutedgar.htm。

所披露的信息或备案文件主要由文本形式的非结构化数据构成，这些文本都包含在 HTML 文件中，并且其中包含了大量信息，这些信息后续可以被提取和挖掘，以便在进行任何股票投资之前，分析师可以用所提取和挖掘出的信息来评估公司或实体组织的健康状况。不过，其处理过程相当复杂，涉及从 SEC HTTP 站点提取文件。将检索到的文件解析成相关的段落，并且最终从这些信息中获取见解和有价值的内容。这一过程还涉及了解 SEC 如何组织这些信息的结构以及发布它们的知识，而这方面是投资者还不完全了解的。此外，手动筛选大量文本的任务是需要耗费许多时间和精力的。

4.3.2　解决方案

SEC 已经提供了一个基于 Web 的 UI 来搜索其站点上所存储的披露数据。虽然这提供了一种在网页浏览器中访问和查看披露数据的方法，但对这些信息进行检索和挖掘的完整解决方案还需要设置一个 ETL 管道，以便可以在信息发布时持续从 SEC 站点检索数据。有若干方式可以实现这一处理；图 4-3 中显示了一种可行的解决方案概要。

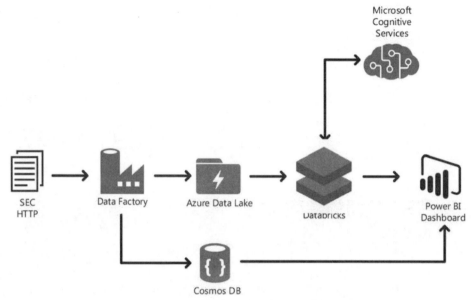

图 4-3 该解决方案的架构原理图[1]

图 4-2 可以总结为以下几点：

(1) 使用一款诸如 Azure Data Factory 的 ETL 工具或服务从 SEC HTTP 检索数据。

(2) 所检索到的文件会被加载到一个非结构化存储介质中，比如 Azure Storage 或 Azure Data Lake Store；额外的元数据会被存储到 NoSQL 数据存储中，比如 Cosmos DB。

(3) 运行在 Databricks 上的一个集群中的 Python notebooks 会调用 Azure Text Analytics API，这个 API 可以分析所检索到的文件中包含的文本。

(4) 使用一款诸如 Microsoft Power BI 的仪表盘工具或服务向终端用户展示文本的分析结果以及元数据。

为了简单起见，后面的内容将专注于使用 Python notebook 对检索到的文本执行文本分析，并且不会深入讲解刚才所描述的端到端管道的设置细节。

4.3.3 运行机制

以下三项就是创建 Python notebook 的前置条件：

- Python NLTK 包
- Python Edgar 包
- Microsoft Cognitive Services Text Analytics API

---

[1] 这是一份 Azure 解决方案架构的完整列表，它有助于我们在 Azure 上设计和实现安全、高可用、高性能且有弹性的解决方案，可以在此处找到这份架构：
https://azure.microsoft.com/en-us/solutions/architecture/。

可以使用 pip 命令来安装前两项前置条件，如下所示：

```
pip install nltk
pip install edgar
```

如果在安装 Edgar 包时出现问题，那么也可以在 notebook 中使用以下命令来显式安装这个包：

```
import sys
!{sys.executable} -m pip install edgar
```

使用以下步骤来提供一个 Microsoft Cognitive Services Text Analytics API：

(1) 登录 Azure Portal，并且单击页面左上角上的 Create a resource 链接。

(2) 选择 Azure Marketplace 下方的 AI + Machine Learning 类别，然后单击 Text Analytics 链接(见图 4-4)。

图 4-4　从 Azure Marketplace 选择 AI + Machine Learning and Text Analytics 快速入门

(3) 填写服务信息，并且单击 Create 按钮以提供 Text Analytics API 端点(见图 4-5)。

图 4-5　为该应用选择名称、位置、定价层级以及资源组

现在我们准备好创建 Python notebook：

(1) 首先使用之前安装的 Edgar 包导入一个组织的 10-K 备案文件。可以从 https://www.sec.gov/edgar/searchedgar/cik.htm 的 SEC 站点检索到所列示的名称和 CIK(Central Index Key，中央索引键，它充当了每家公司的唯一标识符)。

```
import edgar
company = edgar.Company("Microsoft Corp", "0000789019")
tree = company.getAllFilings(filingType = "10-K")
docs = edgar.getDocuments(tree, noOfDocuments=5)
```

(2) 对于这个示例，我们要使用以下语句来分析一个备案文件并且去除文本中所有不想要的字符或符号(为了保证可读性，对代码进行了格式化)：

```
filingText = docs[0].replace('\n' , ' ')
                    .replace('\r' , ' ')
                    .replace('/s/' , ' ')
                    .replace('\xa0', ' ')
```

(3) 好的做法是在执行任何实际分析之前，通过移除标点符号和停用词来进一步修整要分析的文本。可以通过以下语句使用 NLTK 包来完成此处理：

```
from nltk.corpus import stopwords
from nltk.tokenize import word_tokenize
import string

stopWords = set(stopwords.words('english'))
wordTokens = word_tokenize(filingText)
filingTextArray = [w for w in wordTokens if not w in stopWords]
filingTextFiltered = ' '.join(filingTextArray)
filingTextFiltered = filingTextFiltered.translate(string.
punctuation)
```

(4) 要调用之前提供的 Microsoft Cognitive Service Text Analytics API，可以使用此处的语句来存储订阅密钥以及要调用的端点 URL：

```
subscriptionKey = "[TODO: Paste Subscription Key here]"
baseUrl = "[TODO: Paste URL here]"
sentimentApiUrl = baseUrl + "/sentiment"
```

导航到 Text Analytics API 实例并且单击主界面上的 Overview 链接，以便复制该订阅密钥和端点 URL。复制好之后，将这两个值粘贴到前面的代码中(见图 4-6)。

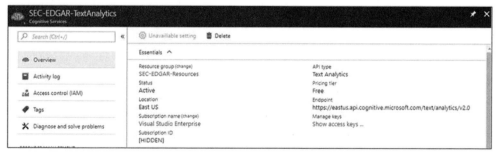

图 4-6　Text Analytics 仪表盘显示了密钥配置值

我们需要单击 Show access keys...链接以便获取 API 的订阅密钥(见图 4-7)。

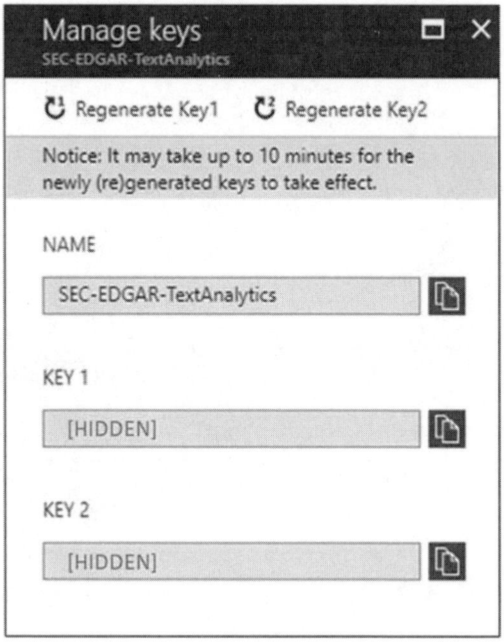

图 4-7　用于生成和使用订阅密钥的 Key Management 控制台

(5) 要调用 Text Analytics API，可以像下面这样构造传递到端点的 JSON：

```
documents = {'documents' : [
  { 'id': '1', 'text': filingTextFiltered[:5000] }
]}
```

上面代码中作为 Id 传递的值可以是任意数值。另外，由于 SEC 站点的每个披露信息都由一大段文本构成，因此我们必须在所构造的 JSON 中将该文本截取成前 5000 个字符。

(6) 使用以下代码调用该 Text Analytics API，传入使用 Edgar 包检索到的经过过滤的备案文件文本：

```
headers = {"Ocp-Apim-Subscription-Key": subscriptionKey}
response = requests.post(sentimentApiUrl, headers=headers,
json=documents)
sentiments = response.json()
print(sentiments)
```

上面代码中的最后一条语句会以 JSON 格式显示所返回的情绪评分，它看起来可能类似于这样：

```
{'documents': [{'id': '1', 'score': 0.7}],
  'errors': [{'id': '1', 'message': 'Truncated input to
first 100 tokens during analysis.'}]}
```

出于性能原因，调用用于文本分析的一个额外 API 需要精简负载。

(7) 也可以使用 NLTK 提供的 Vader Sentiment Analyzer 在 notebook 内执行分析：

```
import nltk
from nltk.sentiment.vader import SentimentIntensityAnalyzer
sentimentAnalyzer = SentimentIntensityAnalyzer()
scores = sentimentAnalyzer.polarity_scores(filingTextFiltered)
for score in scores:
  print('{0}: {1}\n'.format(score, scores[score]), end='')
```

我们应该会看到输出的文本中所包含的更详细的情绪分析数据，类似于下面这样：

```
neg: 0.048
neu: 0.796
pos: 0.156
compound: 1.0
```

4.4 文本自动摘要

4.4.1 问题

文本自动摘要是自然语言处理中的一个分支领域，它主要处理文本语料库的摘要。一份摘要会提供从原始文本源中提取的重要但较为简短的信息，最好不要超过原始文本长度的一半，并且保留重要的信息。

在信息量不断增长的时代，摘要对于金融咨询、法务以及新闻媒体领域而言极为有用，其中以精炼和具体的方式捕获信息要点是非常重要的。

因此，我们来试试弄清楚如何概括文本文档以便获得有意义的摘要。

4.4.2 解决方案

在这个解决方案中，我们要使用数据科学虚拟机和指针生成网络来提取文档的摘要。

其步骤如下：

(1) 访问以下链接打开 DSVM 页面并且选择 Data Science Virtual Machine—Windows 2016。也可以按需选择其他版本：

```
https://azure.microsoft.com/en-us/services/virtualmachines/data-
science-virtual-machines/
```

(2) 单击 GET IT NOW 按钮，选择 DSVM(见图 4-8)。

图 4-8　单击 Get It Now，设置数据科学虚拟机

(3) 确认软件规划，并且单击 Continue 按钮(见图 4-9)。

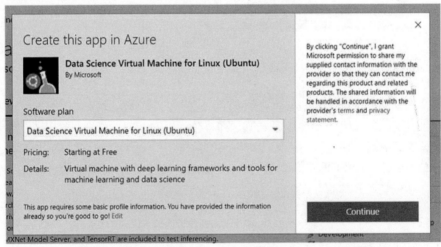

图 4-9　在 Create this app in Azure 界面上选择规划，然后继续

(4) 单击 Create 按钮来开始创建 VM(见图 4-10)。

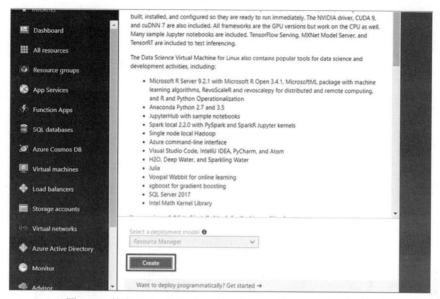

图 4-10　单击 Create 按钮将开始创建 VM。可能需要花一些时间

(5) 输入 VM 的详细信息并且单击 OK 按钮(见图 4-11)。

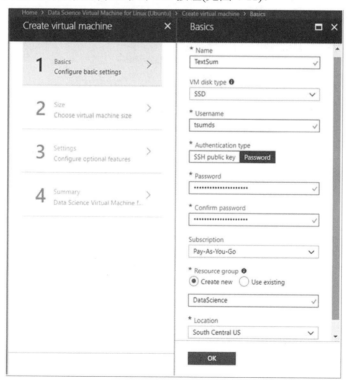

图 4-11　VM 的详细信息包括硬盘类型、用户名、密码、订阅和位置

(6) 选择具有足够多 RAM 的 VM，可能需要 16 GB(见图 4-12)。

Available									
F2s_v2	Standard	Compute optim	2	4	4	4000	16 GB	SSD	$75.89
F4s_v2	Standard	Compute optim	4	8	8	8000	32 GB	SSD	$151.78
F8s_v2	Standard	Compute optim	8	16	16	16000	64 GB	SSD	$303.55
F16s_v2	Standard	Compute optim	16	32	32	32000	128 GB	SSD	$607.10
F32s_v2	Standard	Compute optim	32	64	32	64000	256 GB	SSD	$1,214.21
F64s_v2	Standard	Compute optim	64	128	32	128000	512 GB	SSD	$2,428.42
F72s_v2	Standard	Compute optim	72	144	32	144000	576 GB	SSD	$2,731.97

Prices presented are estimates in your local currency that include Azure infrastructure applicable software costs, as well as any discounts for the subscription and location.

Select

Activate Windows
Go to Settings to activate Windows.

图 4-12　显示了可用于不同配置和收费费用的各种不同虚拟机

(7) 这里不需要修改任何内容。单击 OK 按钮继续(见图 4-13)。

图 4-13　界面上显示了 VM 的 HA、存储和网络设置

(8) 单击 Create 按钮以便启动部署(见图 4-14)。

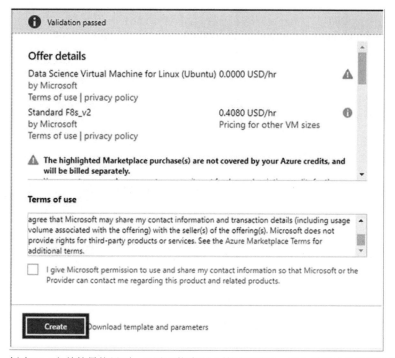

图4-14　创建 VM 之前的最终界面。可以下载该 VM 的配置设置。这个界面也显示了最终的定价

(9) 运行以下命令以克隆仓库：

```
git clone https://github.com/abisee/pointer-generator.git
```

1. 安装 Anaconda 2 和 TensorFlow

运行以下命令以安装 install Anaconda 2 和 Python 2：

```
curl -O https://repo.continuum.io/archive/Anaconda2-5.0.1-Linux-x86_64.sh
bash Anaconda2-5.0.1-Linux-x86_64.sh
```

关闭这个 SSH 会话并重新连接。运行以下命令以安装 TensorFlow：

```
pip install tensorflow
```

2. 获取数据集

可以将CNN数据用于这个任务。有人已经处理过这些数据并且将其上传到了Google Drive。可以通过下面这些步骤来下载该数据或者自行处理该数据。

```
https://github.com/abisee/cnn-dailymail
```

安装 gdown 以便从 Google Drive 下载数据：

```
pip install gdown
```

访问这个链接并且获取该 Google Drive 文件的链接(见图 4-15)：

```
https://github.com/JafferWilson/Process-Data-of-CNN-DailyMail
```

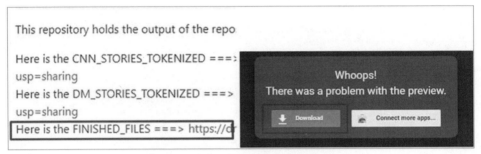

图 4-15　从 GitHub 仓库页面复制链接

复制地址栏处的下载 URL 并且移除&export=download：

```
gdown https://drive.google.com/uc?id=0BzQ6rtO2VN95a0c3TlZCWkl3aU0
```

解压所下载的文件并且将文件夹重命名为 data(可选)：

```
unzip finished_files.zip
mv finished_files data
cd pointer_generator
```

安装依赖项。这段代码仅适用于旧版本的 TensorFlow。

```
pip install pyrouge
pip install tensorflow==1.3
```

使用 run_summarization.py 开始训练。这是训练、评估或测试自动摘要模型的顶层文件。

```
python run_summarization.py—mode=train—data_path=/home/tsumds/data/
train.bin—vocab_path=/home/tsumds/data/vocab—log_root=/home/tsumds/
log/--exp_name=textsum
```

提示：
tsumds 是用户名。

按下 Ctrl＋C 快捷键可以中断训练，然后运行以下代码以启动模型测试：

```
python run_summarization.py—mode=decode—data_path=/home/tsumds/data/
test.bin—vocab_path=/home/tsumds/data/vocab—log_root=/home/tsumds/
log/--exp_name=textsum
```

将以下设置保持为默认值：

```
er('batch_size', 16, 'minibatch size
er('max_enc_steps', 300 'max timest
er('max_dec_steps', 75, 'max timestep
er('beam_size', 4 'beam size for bea
```

现在运行自动摘要：

```
python run_summarization.py—mode=eval—data_path=/home/tsumds/data/
val.bin—vocab_path=/home/tsumds/data/vocab—log_root=/home/tsumds/log/
--exp_name=textsum
```

可以在初步结果下方看到摘要输出的结果，以及多次迭代之后的提升情况。

4.4.3 运行机制

下面是摘要输出的初步结果。可以从中看出数据被训练的次数以及不断训练迭代是如何提升摘要结果的。

```
INFO:tensorflow:REFERENCE SUMMARY: marseille prosecutor says " so far no
videos were used in the crash investigation " despite media reports .
journalists at bild and paris match are " very confident " the video clip
is real , an editor says . andreas !!__lubitz__!! had informed his lufthansa
training school of an episode of severe depression , airline says .
```

随着训练周期的迭代，摘要质量也会提升。28 小时之后质量提升过的(当然，这仍然是从主观上判断的)摘要看起来会像下面这样：

```
INFO:tensorflow:GENERATED SUMMARY:
investigation into the crash of germanwings flight 9525 he not aware of
crash . robin 9525 as it not aware of any video footage . paris match flight
9525 as it crashed into crash investigation.
```

这些摘要的质量随着训练周期的迭代而得到提升，47 小时之后就变得可阅读了：

INFO:tensorflow:GENERATED SUMMARY: french prosecutor says he added no videos were were not aware of any video footage . crash of prosecutor says he was not aware of video footage . crash of french alps as it crashed into the french alps .

在另一篇新闻文章上进行尝试时，相同的方法会提供以下摘要：

INFO:tensorflow:REFERENCE SUMMARY: membership gives the icc jurisdiction over alleged crimes committed in palestinian territories since last june. israel and the united states opposed the move , which could open the door to war crimes investigations against israelis .

一段时间后，会出现以下提升：

INFO:tensorflow:GENERATED SUMMARY: palestinian authority officially became the 123rd member of the international criminal court on alleged crimes. the formal accession was marked with a ceremony at palestinian territories. as members of the palestinians signed the icc 's founding rome statute in january.

在对我们的新闻文章应用自动摘要时，会呈现出什么样的内容呢？

第5章

认知机器人技术处理自动化：
自动执行

"如果正在尝试理解 AI 的近期影响，不要将其视作'具有感知能力'，而要将其视作'基于类固醇的自动化'。"

——Andrew Ng，斯坦福大学计算机科学兼职教授；
Baidu AI Group/Google Brain 的前负责人

"AI 系统有助于开发出更为强有力的思考方式，不过反过来将那些思考方式用于开发新的 AI 系统的做法最多只有间接意义。"

——Shan Carter、Google Mind 和 Michael Nielsen，YC Research 的研究论文

随着自动化处理变成数字化业务中的标准，技术专家正快速地采用它作为提升操作效率的工具。最近几年，机器人流程自动化(RPA)，或者 IPA(智能流程自动化)正通过让企业免除执行单调且重复的任务来帮助企业提供运营效率。

正如大家反复提到的，人工智能的出现并非是为了抢占人们的工作，而是为了帮助人们摆脱单调乏味的工作。人类可以专注于更高的认知面上的事务，并且将单调乏味且重复的任务留给机器去做。其目标是强化人类的专业技能；赋能和加速。AI 正在改变我们所熟知的工作的未来内容；未来的工作是要通过自动化处理和智能化将目标转化为绩效。

如今我们可以看到自动化处理正以各种形式在许多行业中发挥作用。从表单和发票的自动化处理到采购订单和抵押贷款申请处理，机器学习技术正在帮助提升数据质量，减少处理时长，并且提高效率。这有助于减少任务的处理时间，同时这些任务又涉及将人力资源放在需要人类进行判断的复杂场景中。这些任务包括像放射性报告这样的处理过程，其中算法可以提供基础概述，而最终的评判则来自于人类专家。类似的复杂任务

就是保险索赔处理，对于这个场景，机器人过程自动化并不能完全胜任；它需要结合应用认知能力和人类的感知、标的物专业知识以及评判。

正是由于认识到了智能化处理的这一需要，RPA公司正转而调整认知型RPA或IPA方法。作为RPA领域目前的市场领导者，UI Path支持认知自动化处理，正如其报告所言：

"通过同步执行队列中的任务以及使用排程工作流和事件的机器人部署，自动化机器人经理可以降低自动化成本并且满足服务水平要求；还可以进行监控和按需触发故障转移程序。"

Blue Prism 在 RPA 领域占有很大的市场份额，该公司也为其机器人配备了"智能自动化处理技能"，而 Automation Anywhere 则将其 IQ Bot 作为具有 AI 能力的认知型 RPA 解决方案来推销。另一家广为人知的 RPA 能力提供商 WorkFusion，则将其机器人的认知能力宣传为智能流程处理自动化(Smart Process Automation)。

智能流程自动化的使用场景在不同行业之间有很大不同，不过有一条通用准则就是，可以在不借助更高层次认知能力的情况下被轻易理解和重复执行的任何可重复流程通常都适合于应用 RPA。例如，在金融技术和银行业中，执行 KYC(Know Your Customer，了解你的客户)需求任务，比如做背景调查时，使用公共记录、SDN(Specially Designated Nationals and Blocked Persons List，特别指定国民和被阻止人员列表)、OFAC 匹配、风险评估、内部记录，还有对客户手写文档和扫描文档进行 OCR 识别，这样的背景调查任务就是自动化处理的适用对象。在投行业务中，这类使用场景包括财务咨询规则审查以及根据规则对金融和贸易交易进行审查与处理，还包括一些监管检查，比如特别指定国民和被阻止人员列表、制裁评估、本地监管分析，以及买卖双方分摊等。

在保险行业中，RPA 有助于处理服务策略，因为自然语言处理和实体检测可以帮助提取策略数据以及策略变更引起的潜在下游影响。RPA 还可以验证这些变更是否会影响或者侵犯客户权利或者违背联邦政府或州政府的法规，从而避免可能的罚款。保险索赔处理是时间较长并且单调乏味的过程，借助自动化处理可以加速这一过程。

在零售业中，通过计算机视觉进行库存管理是认知型 RPA 的一个绝佳用例。通过机器人对仓库货架进行自动化检测以及通过趋势与异常分析对服务器进行自动扩展的做法，有助于企业实时满足客户的需求。

本章将讲解一些攻略的实现，这些实现提供了用于智能或认知机器人流程自动化的构造块，这样我们就能了解在典型的 RPA 任务之上还能做哪些事情。

5.1　从音频中提取意图

5.1.1　问题

在企业中引入自动化处理的主要目标是，显著降低重复性任务所耗费的时长，否则这些任务就会侵占具有生产力的关键性任务工作所需的时间。机器人流程自动化(RPA)由外部事件所触发的自动化流程构成，这些外部事件包括文件上传，接收到具有特定主题内容的电子邮件等。不过，在某些实例中，触发事件可能需要人类操作员的手动介入才能启动自动化工作流。

与这些本来是自动化流程的交互点可能遍布具有不同用户界面的多个系统，这需要持续的用户培训并且每个独立用户都需要耗费时间手动维护所有这些分散系统的收藏地址。

5.1.2　解决方案

之前在第 3 章中介绍过对话机器人，其中使用了 Microsoft 的语言理解智能服务(Language Understanding Intelligent Service，LUIS)API 来提取用户话语中的意图。这个攻略中问题的解决方案是类似的，只不过此处用户提供的是语音输入而非文本输入。图 5-1 揭示了如何处理语音以提取用户的输入信息。

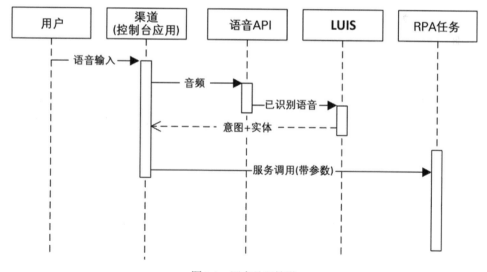

图 5-1　语音处理管道

(1) 用户借助诸如 Skype 的渠道使用语音提供输入以便进行交流。

(2) 渠道采用接收到的音频输入并且调用 Microsoft Cognitive Services Speech API 将语音转换成文本。

(3) Speech API 将语音转换成文本并且将文本传递到训练好的 LUIS 模型。

(4) LUIS 从那些话语中提取出意图和实体，并且将它们返回调用方应用程序，然后调用方应用程序会发起对自动化处理任务的服务调用。

5.1.3　运行机制

后续对这一攻略进行建模的场景，可以让用户与一个启用语音的调度应用进行交互。

为了揭示如何从语音中提取意图，我们要研究一个控制台应用，它会模拟上面时序图中的前四条生命线(泳道)：用户、渠道(控制台应用)、语音 API 以及 LUIS。

从高层次上看，创建该解决方案的步骤如下：

(1) 使用 Azure Portal(https://portal.azure.com)创建一个 LUIS 端点。

(2) 在 LUIS 站点上(https://www.luis.ai)，创建一个 LUIS 应用并且训练该应用以便从用户话语中提取意图。

(3) 在 Visual Studio 2017 中编写控制台应用代码，以便使用 Microsoft Cognitive Services Speech API 将用户的语音输入转换成文本，然后将提取出的意图和实体传递给一个自动化任务以便执行特定任务。

下一节将详细阐释上面三个步骤。

5.1.4　创建一个 LUIS 端点

现在开始处理：

(1) 使用网页浏览器导航到 Azure Portal(https://portal.azure.com)，并且使用我们的凭据进行登录。

(2) 单击菜单面板左上角的 Create a resource，然后单击 See all(见图 5-2)。

(3) 在搜索框中，输入 LUIS 并且按 Enter 键。

(4) 单击搜索结果中的 Language Understanding 模板。

(5) 单击 Welcome 界面上的 Create 按钮。

(6) 在 Create 界面中填写如表 5-1 所示的详细信息，填写完成后单击 Create 按钮(见图 5-3)。

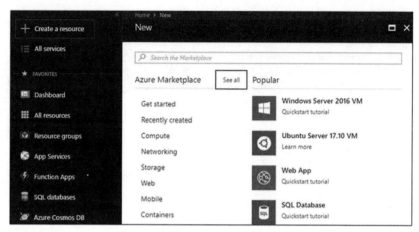

图 5-2　使用 Azure Portal 创建一个资源

表 5-1　属性和值的详细信息

属性	值
名称	MyScheduler
订阅	[选择订阅名称]
位置	West US[或者选择最接近的 Azure 地区]
定价层级	[选择合适的定价层级]
资源组	MyScheduler-LUIS-Resources

图 5-3　Azure Portal 中 LUIS 的 Create 界面

(7) 在 Azure Portal 的主界面中单击 Keys 导航到所创建的 LUIS 端点实例，以便查看后续要用到的密钥(见图 5-4)。

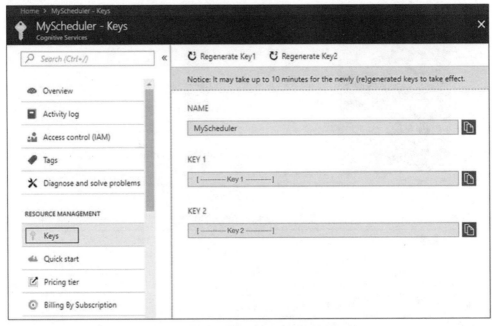

图 5-4 Azure Portal 中用于 LUIS 端点的 Keys 界面

5.1.5 创建 LUIS 应用并且针对用户话语进行训练

就像我们在第 2 章中对数据健康监测机器人所做的处理一样，这一节需要创建实体和意图。我们要用表 5-2 所示的话语来训练 LUIS 应用。

表 5-2 示例话语

示例话语	意图	实体
"将我不在办公室的日期设定为[X]到[Y]。" "我将从[X]开始休假并且在[Y]返回。" "我的假期从[X]开始到[Y]结束。" "我从[X]到[Y]享受带薪休假(PTO)。" "请将我的日程设置为从[X]到[Y]不在办公室。"	Schedule. SetOutOfOffice	Calendar.StartDate Calendar.EndDate

以下是训练模型以便处理表 5-2 所列的意图和实体的步骤：

(8) 导航到 https://www.luis.ai 的语言理解智能服务(LUIS)。

(9) 使用之前登录 Azure Portal 所用的相同账号凭据进行登录。

(10) 单击 My apps 下方的 Create new app 按钮。

(11) 在 Create new app 对话框中，在 Name 栏输入 MyScheduler 并且单击 Done 按钮 (见图 5-5)。

图 5-5　LUIS.ai 的 Create new app 对话框

创建了应用之后，浏览器将自动导航到 Intents 界面。

(12) 单击Create new intent按钮，在Intent name文本框中输入Schedule.SetOutOfOffice，并且单击Done按钮(见图 5-6)。

图 5-6　LUIS.ai 应用的 Create new intent 对话框

(13) 在 Intents 界面上，在文本框中输入 set my out of office from x to y，并且按 Enter 键。

所输入的文本将被添加到文本框下方的 Utterance 列表。

(14) 重复步骤(6)并且添加以下话语(见图 5-7)：

● I will be on vacation starting x and will be back on y.

- my vacation starts on x and ends on y.
- I am taking pto from x to y.
- please set my calendar to out of office from x to y.

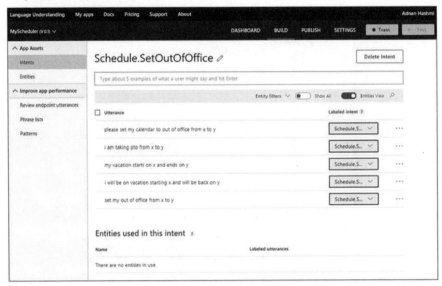

图 5-7　用于所创建意图的话语列表

(15) 将鼠标指针放到任意话语文本中的 x 上(这样就会在其周围加上方括号)，单击并从弹出菜单中选择 Browse prebuilt entities(见图 5-8)。

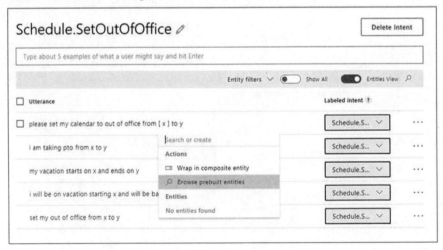

图 5-8　标记每个话语中的实体

(16) 在 Add or remove prebuilt entities 对话框中，向下滚动，勾选 datetimeV2 复选框，并且单击 Done 按钮(见图 5-9)。

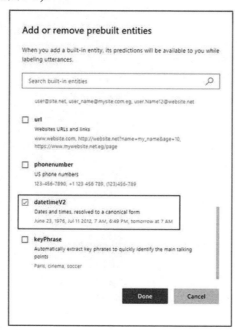

图 5-9　Add or remove prebuilt entities 对话框

(17) 单击界面右上角的 Train 按钮。训练完成之后，Train 按钮上的红色图标将变成绿色。

(18) 单击界面右上角的 Test 按钮以便显示 Test 面板。

(19) 在 Utterance 文本框中输入 set my out of office from 08/10/2018 to 08/14/2018 并且按 Enter 键。

大家可能会注意到，LUIS 错误地将 None 认为是识别出的意图。

单击 Inspect 链接以查看意图置信度(其范围介于 0 和 1 之间并且会显示在小括号中)以及所提取的实体值。

(20) 单击 Top scoring intent 下方的 Edit 链接(见图 5-10)。

(21) 在出现 Intents 下拉框时，选择 Schedule.SetOutOfOffice(见图 5-11)。

图 5-10　检查识别出的意图

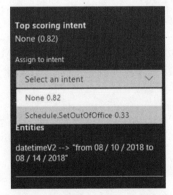

图 5-11　为识别出的话语选择意图

(22) 再次单击界面右上角的 Train 按钮。在模型训练完成之后，Train 按钮上的红色图标将变成绿色。

还可以从中看出，一条新的话语已经被添加到该列表，以便反映出我们刚才训练模型所用的话语(见图 5-12)。

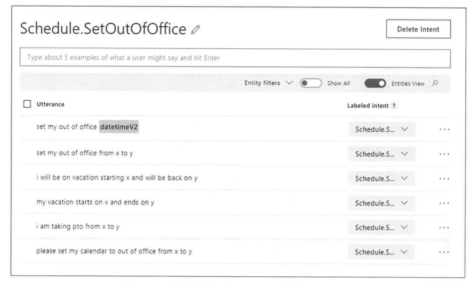

图 5-12　意图界面上具有已标记实体的话语列表

(23) 单击界面右上角的 Test 按钮以显示 Test 面板。

(24) 在 Utterance 文本框中输入 I will be on vacation from 09/27/2018 to 10/3/2018，并且按 Enter 键。

这一次，该模型就会根据话语正确识别出意图(见图 5-13)。

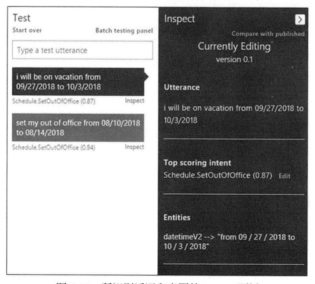

图 5-13　所识别话语和意图的 Inspect 面板

(25) 单击界面右上角的 PUBLISH 链接，以导航到 Publish app 页面。

(26) 在 Endpoint url settings 下方，选择 Pacific Time(或者适用于我们应用程序位置的时区)作为时区。

(27) 向下滚动到界面底部，单击 Resources and Keys 下方的 Add Key 按钮(见图 5-14)。

图 5-14　LUIS.ai 应用的 Resources and Keys 界面

(28) 在 Assign a key to your app 对话框中，选择要使用的 Tenant name、Subscription Name 和 Key。单击 Add Key 按钮完成处理(见图 5-15)。

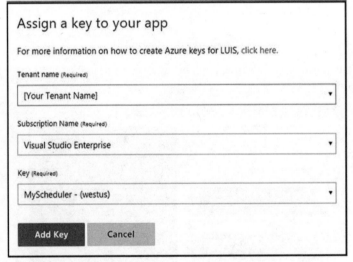

图 5-15　Assign a key to your app 对话框

一个新的资源端点将被添加到列表。

我们还会注意到，在 5.1.4 节"创建一个 LUIS 端点"的步骤(7)中所看到过的密钥列示在 Key String 列中(见图 5-16)。

图 5-16　LUIS.ai 应用的 Resources and Keys 界面

(29) 复制 Endpoint 列中所列的 MyScheduler 资源的端点 URL 以备后续使用。

(30) 回滚到页面顶部并且单击 PUBLISH 链接。

5.1.6　在 Visual Studio 2017 中编写控制台应用的代码

遵循以下步骤：

(31) 打开 Visual Studio 2017 并且单击 File | New | Project(见图 5-17)。

(32) 在 New Project 窗口中，选择 Visual C#的 Console App (.NET Framework)作为要使用的项目模版。

(33) 输入 MySchedulerConsoleApp 作为应用名称，并且单击 OK 按钮。

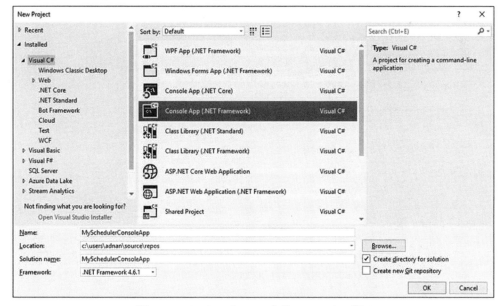

图 5-17　Visual Studio 2017 中的 New Project 窗口

(34) 生成项目之后，右击 Visual Studio Solution Explorer 中的 References，并且从菜单选择 Manage NuGet Packages…。

(35) 单击 NuGet 标签页中的 Browse 并且在文本框中输入 Microsoft.CognitiveServices. Speech(见图 5-18)。

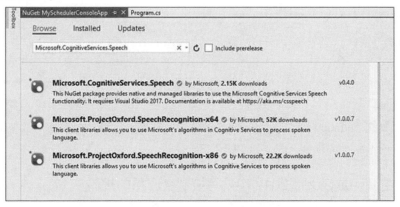

图 5-18　Visual Studio 2017 中的 NuGet 包标签页

(36) 从列表中选择 Microsoft.CognitiveServices.Speech，然后单击右侧的 Install 按钮。

(37) 单击 Preview Changes 窗口上的 OK 按钮。

我们将看到对于 Microsoft.CognitiveServices.Speech.csharp 的新引用已经被添加到项目中。

(38) 在 Solution Explorer 中双击 App.config 文件以便打开它，并且在 appSettings 区域添加以下四个配置设置：

```
<appSettings>
    <add key="LuisAppId" value="" />
    <add key="LuisSubscriptionKey" value="" />
    <add key="LuisRegion" value="" />
    <add key="speechAPIRegion" value="" />
</appSettings>
```

(39) 从步骤(1)中复制的资源端点 URL 复制 URL 文本片段，以便为步骤(38)中添加的应用设置指定值。

```
https://westus.api.cognitive.microsoft.com/luis/v2.0/apps/{APP_ID}?
subscription-key={SUBSCRIPTION_KEY}&spellCheck=true&bing-spell-check-
subscription-key={YOUR_BING_KEY_HERE}
    &verbose=true&timezoneOffset=-480&q=
```

　　a. 从端点 URL，复制/apps/后跟着的文本(上面{APP_ID}所显示的内容)，并且将其粘贴到 App.config 文件中作为 LuisAppId 的值。

　　b. 复制 subscription-key=后跟着的文本(也就是端点 URL 的{SUBSCRIPTION_KEY}部分)，并且将其粘贴到 App.config 文件中作为 LuisSubscriptionKey 的值。

　　c. 对于 App.config 文件中的 LuisRegion 配置设置，则要使用资源端点 URL 中 https://后的文本片段(此处就是 westus)。

设置了配置值之后，就可以编写代码来执行之前时序图中所列的步骤。

(40) 右击 Solution Explorer 中的 MySchedulerConsoleApp 项目，并且在上下文菜单中单击 Add | Class…。

(41) 输入 MyScheduler.cs 作为类名称并且单击 Add 按钮(见图 5-19)。

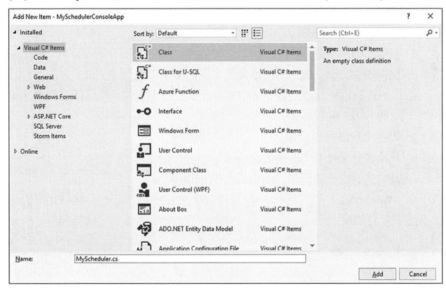

图 5-19　Visual Studio 2017 中的 Add New Item 窗口

(42) 将名称空间修改为 CognitiveRecipes 并且添加 using 语句，这样一来 MySchedule.cs 文件中的代码看起来就会如下：

```
using System;
using System.Collections.Generic;
using System.Linq;
using System.Text;
using System.Configuration;
using System.Threading.Tasks;
using Microsoft.CognitiveServices.Speech;
```

```
using Microsoft.CognitiveServices.Speech.Intent;

namespace CognitiveRecipes
{
    class MyScheduler
    {
    }
}
```

(43) 现在可以将代码添加到 MyScheduler 类。这些代码将执行以下步骤:

    a. 从配置文件中获取应用设置。

    b. 创建工厂以便调用将语音转换成文本的 Speech API。

    c. 初始化意图识别器。

    d. 获取 LUIS 模型。

    e. 使用在 LUIS.ai 站点上所定义的意图名称来填充列表。

    f. 将所有的意图添加到步骤 c 中初始化的意图识别器,并且使用步骤 d 中检索到的 LUIS 模型。

    g. 提示用户进行语音输入。

    h. 从语音话语中提取识别出的意图。

    i. 如果意图被正确识别,则调用 RPA 任务。

以下是 MyScheduler 类的代码清单(为可阅读性进行了格式化),这些代码的注释中包含了上述步骤的描述:

```
class MyScheduler
{
  public static async Task ExtractIntents()
  {
    // ------------------------------------------------------------
    // a) Get application settings from the configuration file
    // ------------------------------------------------------------
    var luisAppId = ConfigurationSettings.
    AppSettings["LuisAppId"].ToString();
    var luisSubscriptionKey =
        ConfigurationSettings.AppSettings
        ["LuisSubscriptionKey"].ToString();
    var luisRegion = ConfigurationSettings.AppSettings
```

```
            ["LuisRegion"].ToString();
        var speechRegion = ConfigurationSettings.AppSettings
        ["speechAPIRegion"].ToString();


    // ----------------------------------------------------------
    // b) Create factory to call the Speech API to convert speech to text
    // ----------------------------------------------------------
    var speechFactory = SpeechFactory.FromSubscription
(luisSubscriptionKey, speechRegion);


    // ----------------------------------------------------------
    // c) Initialize intent recognizer
    // ----------------------------------------------------------
    using (var intentRecognizer = speechFactory.CreateIntentRecognizer())
    {

        // -------------------------------------------------------
        // d) Get LUIS model from subscription
        // -------------------------------------------------------
        var luisModel = LanguageUnderstandingModel.FromSubscription
        (luisSubscriptionKey,luisAppId,luisRegion);


        // -------------------------------------------------------
        // e) Populate list with intent names defined using the LUIS.ai site
        // -------------------------------------------------------
            List<string> intentNamesList = new
            List<string> (new string[]
                        { "None",
                          "Schedule.SetOutOfOffice"
                        });


        // -------------------------------------------------------
        // f) Add all intents to intent recognizer initialized in Step C
        //     and use the LUIS model retrieved in Step D
        // -------------------------------------------------------
```

```
foreach (string intentName in intentNamesList)
{
  intentRecognizer.AddIntent(intentName, luisModel,
  intentName);
}


// -------------------------------------------------------
// g) Prompt user for voice input
// -------------------------------------------------------
Console.WriteLine("Please tell us the calendar event you want to
schedule?");
Console.WriteLine("(Waiting for speech input...)");


// -------------------------------------------------------
// h) Extract the recognized intent from the voice utterance
// -------------------------------------------------------
var result = await intentRecognizer.RecognizeAsync().
ConfigureAwait(false);

  // -------------------------------------------------------
  // i) If intent is correctly recognized, call the RPA job
  // -------------------------------------------------------
  if (result.RecognitionStatus == RecognitionStatus.Recognized)
  {
    Console.WriteLine($"{result.ToString()}");
  }
  else
  {
    Console.WriteLine("Invalid or unrecognized input
    received...");
  }
}
}
}
```

(44) 为了调用上面这个类，我们要在 Main 程序中添加代码。所提供的代码清单如下：

```
class Program
{
  static void Main(string[] args)
  {
    Console.WriteLine("0 - Exit");
    Console.WriteLine("1 - Recognize LUIS Intent...");

    Console.Write("Enter either 0 or 1: ");

    ConsoleKeyInfo consoleInput;
    do
    {
      consoleInput = Console.ReadKey();
      Console.WriteLine("");
      switch (consoleInput.Key)
      {
        case ConsoleKey.D1:
            Console.WriteLine("LUIS Intent Recognition selected...");
            MyScheduler.ExtractIntents().Wait();
            break;
        case ConsoleKey.D0:
            Console.WriteLine("Exiting console application...");
            break;
        default:
            Console.WriteLine("Invalid input.");
            break;
      }
        Console.WriteLine("\n\nEnter either 0 or 1: ");
    } while (consoleInput.Key != ConsoleKey.D0);
  }
}
```

(45) 在可以构建和执行控制台应用之前，要确保我们的项目目标平台被设置为 x64。

右击 Solution Explorer 中的项目名称并且从上下文菜单处选择 Properties。

(46) 单击 Build 标签页并且从下拉框中选择 x64 作为 Platform target(见图 5-20)。

(47) 在顶部菜单栏单击 Start，以便从 Visual Studio 构建和运行该控制台应用。

当出现提示时，请对着麦克风说话(比如，I will be on vacation between October 14, 2018, and October 19, 2018)。

该应用将正确识别出意图并且显示从话语中提取的实体值。

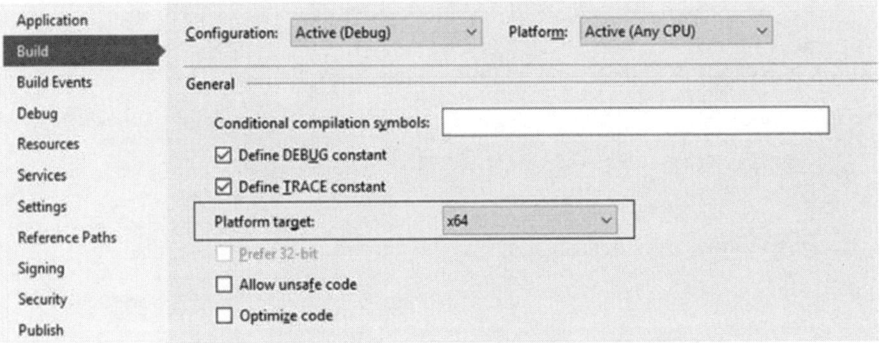

图 5-20　Visual Studio 2017 中该项目的 Build 属性标签页

以下是该应用输出的文本清单：

```
ResultId:5d7296fe112f42fca6bdb30e3ca433f5 Status:Recognized
IntentId:<Schedule.SetOutOfOffice> Recognized text:<Will be on
vacation between October 14 2018 and October 19 2018?> Recognized
Json:{"DisplayText":"Will be on vacation between October 14 2018
and October 19 2018?","Duration":56100000,"Offset":10200000,
"Recog nitionStatus":"Success"}. LanguageUnderstandingJson:{
  "query": "will be on vacation between October 14 2018 and
  October 19 2018",
  "topScoringIntent": {
    "intent": "Schedule.SetOutOfOffice",
    "score": 0.5438184
  },
  "entities": [
    {
      "entity": "between october 14 2018 and october 19 2018",
      "type": "builtin.datetimeV2.daterange",
      "startIndex": 20,
```

```
      "endIndex": 62,
      "resolution": {
       "values": [
         {
           "timex": "(2018-10-14,2018-10-19,P5D)",
           "type": "daterange",
           "start": "2018-10-14",
           "end": "2018-10-19"
         }
       ]
      }
     }
    ]
}
```

可以通过用更多话语训练该 LUIS 模型来进一步提升意图识别置信度评分。

对于这一特定用例而言，一旦提取出实体和意图，应用程序就可以调用自动化任务来设置一条电子邮件和语音的不在办公室消息，在工时表上填写指定的休假期间，以及/或者向其他团队成员发送电子邮件或日程事件。

5.2　用于自动化技术支持工单生成的电子邮件分类和分发

5.2.1　问题

在大型企业设置中，技术支持电子邮件的量会变得非常大，因此处理和分发就变成长期存在的瓶颈。将电子邮件发送到正确的邮箱并且为可轻易自动化的任务应用自动化处理，可以大大降低 IT 支持工作台的工作量。

5.2.2　解决方案

典型的电子邮件分发可以通过朴素贝叶斯算法和一段简单的 Python 脚本来实现。不过，在这个解决方案中将展示如何才能在 Azure ML 中可视化地创建一个工作流。这一电子邮件分发解决方案将应对可以执行自动化分发的模型训练事宜，并且通过预处理和特征哈希帮助加速这一处理过程。

这非常类似于典型的电子邮件垃圾信息检测器的工作方式，不过在这个例子中，我们要根据电子邮件应该被路由到的位置来创建不同的桶(类别)。此处我们要在一个已有的 Azure 解决方案的基础上进行构建以便展示 Azure ML studio 的能力。

5.2.3　运行机制

首先训练模型：

(1) 访问 https://studio.azureml.net/并且登录。

(2) 单击 NEW 按钮并且选择 Blank Experiment(见图 5-21)。

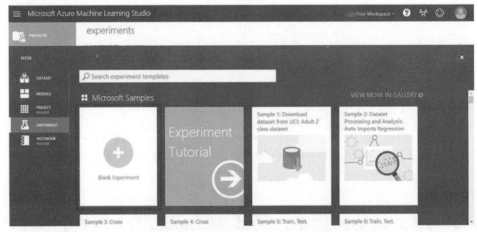

图 5-21　使用 Azure Machine Learning Studio 创建一个新实验

(3) 单击 NEW 按钮，然后单击 DATASET，最后单击 FROM LOCAL FILE(见图 5-22)。

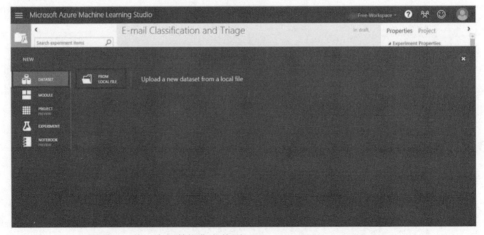

图 5-22　将一个新数据集上传到 Azure Machine Learning Studio(1)

(4) 选择数据集文件，选择数据集类型，然后上传。这里的数据集类型是 TSV(按制表符分隔的文件)，该文件不具有标题行↗按制表符分隔的值，因此其中没有标题。大家可以根据自己的数据集来选择对应的类型(见图 5-23)。

图 5-23 将一个新数据集上传到 Azure Machine Learning Studio(2)

(5) 上传完成之后，拖曳该数据集以便将其添加到流程。

(6) 我们需要处理这些数据以便移除停用词，移除重复字符，替换数字等。为此，需要导入另一个小型停用词数据集。添加 Import Data 模块。

(7) 从列表中选择 Web URL via HTTP 并且输入这个 URL。这一数据集是 Azure ML studio 所提供的样本的一部分：

```
http://azuremlsamples.azureml.net/templatedata/Text-Sentiment
Stopwords.tsv
```

(8) 将 Data format 设置为 TSV。

(9) 添加 Preprocess Text 模块并且将它与其他模块连接起来，然后单击 Launch column selector(见图 5-24)。

(10) 选择 Col2 并且保存。

(11) 添加 Edit Metadata 模块以便移除不必要的元数据。从列表中选择 Col2，选择 String 作为数据类型，选择 Make non-categorical，并且在字段中选择 Clear feature(见图 5-25)。

(12) 添加 Feature Hashing 模块以便将文本数据转换成数值特征(见图 5-26)。

(13) 从列中选择 Col2。

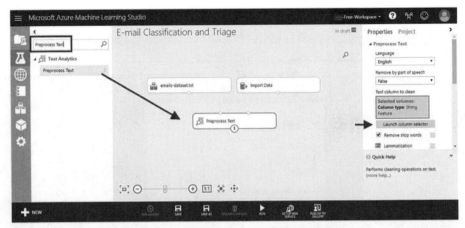

图 5-24　将 Preprocess Text 模块拖到设计界面

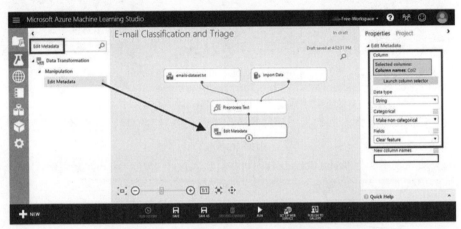

图 5-25　将 Edit Metadata 模块添加到机器学习实验

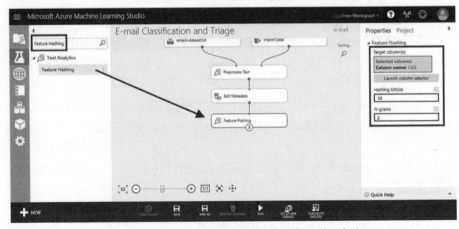

图 5-26　将 Feature Hashing 模块添加到机器学习实验

(14) 添加 Filter Based Feature Selection 模块以识别特征(见图 5-27)。

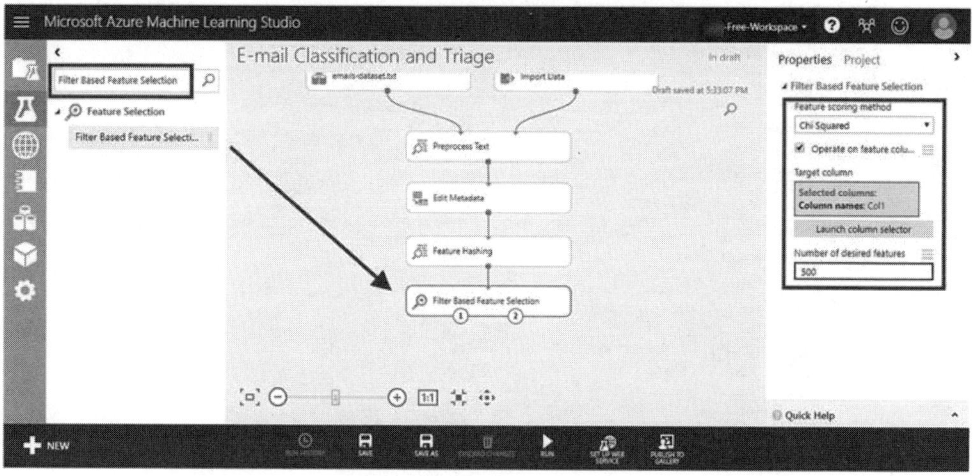

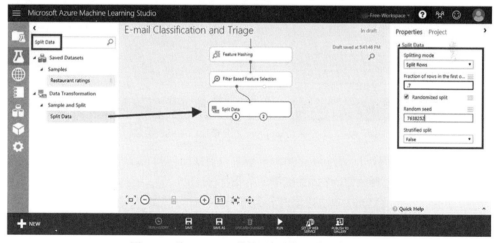

图 5-27　将 Filter Based Feature Selection 模块添加到机器学习实验

(15) 选择 Chi Squared(读作/•ka•/ squared——用于测试一组数据与预期结果的拟合程度)作为评分方法并且在目标列中选择 Col1。

(16) 设置希望识别的期望特征数量。可以用不同的值进行实验以便得到最佳结果。

(17) 添加一个 Split Data 模块以便分割数据集。设置数据的 0.7%到 70%的比例用于训练，并且设置一个随机数值用作种子数据(见图 5-28)。

图 5-28　将 Split Data 模块添加到机器学习实验(1)

(18) 添加另一个 Split Data 模块以便进一步分割数据。(30%中的)50%的数据将被用于调整模型，另外 50%将被用于测试(见图 5-29)。

(19) 将 Multiclass Neural Network 模块添加到流程。可以配置参数以满足特定需求

(见图 5-30)。

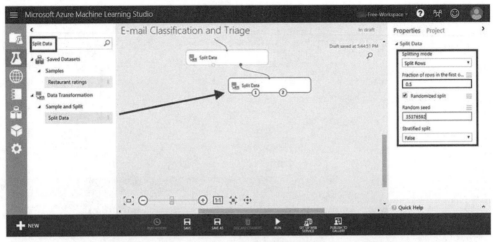

图 5-29　将另一个 Split Data 模块添加到机器学习实验(2)

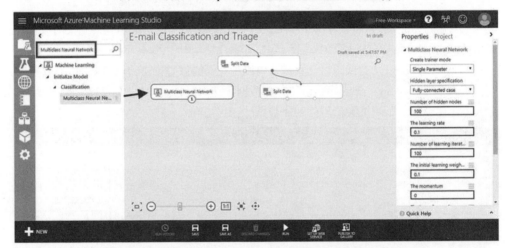

图 5-30　将 Multiclass Neural Network 模块添加到机器学习实验

(20) 添加 Tune Model Hyperparameters 模块以便找出模型的最优参数。选择 Col1 作为 Label 列，并且选择 AUC 作为性能测量的指标(见图 5-31)。

(21) 添加 Score Model 模块以便对分类结果进行评分(见图 5-32)。

(22) 添加 Evaluate Model 模块以评估评分结果(见图 5-33)。

(23) 单击 Run 按钮以运行该实验。

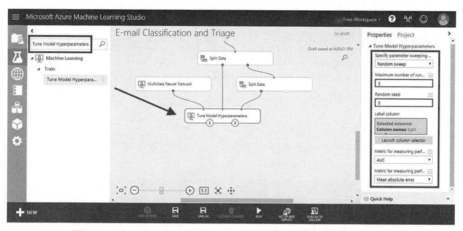

图 5-31　将 Tune Model Hyper-parameters 模块添加到机器学习实验

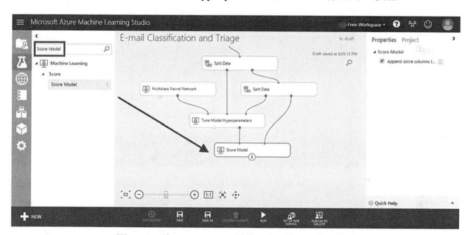

图 5-32　将 Score Model 模块添加到机器学习实验

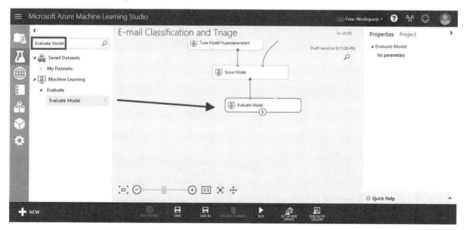

图 5-33　将 Evaluate Model 模块添加到机器学习实验

(24) 训练完成之后，右击 Evaluate Model 模块并且 Visualize(可视化)结果。如图 5-34 所示。

这个分类问题的预测结果汇总以混淆矩阵的形式显示了实际情况和所预测的类别。该矩阵的确会显示出分类模型在进行预测时会以何种方式进行混淆——即，所有类别的实际实例和预测实例的对比——以便描述该分类模型的性能。在这个例子中，我们可以看到共同基金的绝佳结果(这一类别具有较高的精确度)。可以在 https://docs.microsoft.com/en-us/azure/machine-learning/studio/evaluate-model-performance 找到判断矩阵的其他示例。

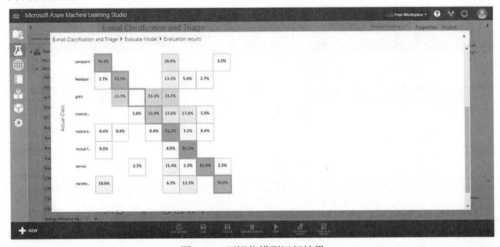

图 5-34　可视化模型运行结果

1. 保存训练好的模型

现在可以保存这个模型了：

(1) 右击 Tune Model Hyperparameters，将鼠标指针放在 Trained best model 上，然后选择 Save trained model。

(2) 输入模型名称并且保存(见图 5-35)。

2. 创建一个使用该模型的实验

我们使用这个模型：

(1) 创建一个新的空白实验。

(2) 添加 Enter Data Manually 模块并且输入要测试的标签和文本(用逗号分隔)，如图 5-36 所示。

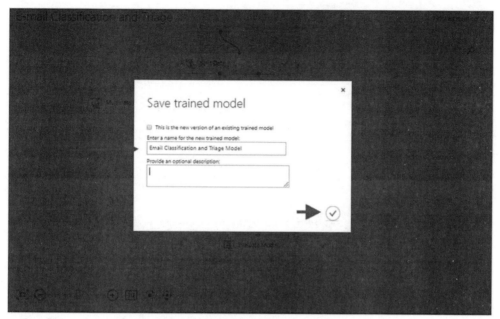

图 5-35　保存训练好的机器学习模型

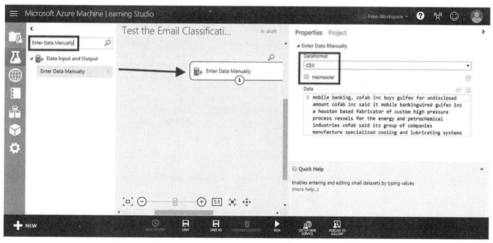

图 5-36　将 Enter Data Manually 模块添加到机器学习实验

（3）我们需要像之前训练时那样预处理这些数据。添加 Preprocess Text 模块并且从列选择器中选择 Col2(见图 5-37)。

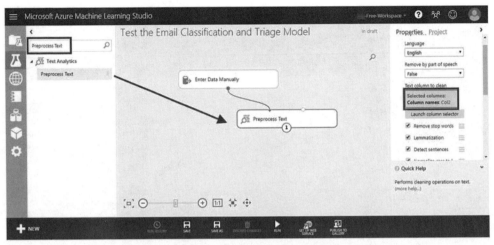

图 5-37 将 Preprocess Text 模块添加到机器学习实验

(4) 我们还需要一个停用词的数据集。添加 Import Data 模块并且使用以下链接导入停用词数据(见图 5-38):

```
http://azuremlsamples.azureml.net/templatedata/Text-Sentiment
Stopwords.tsv
```

(这是我们之前用过的同一份数据。)

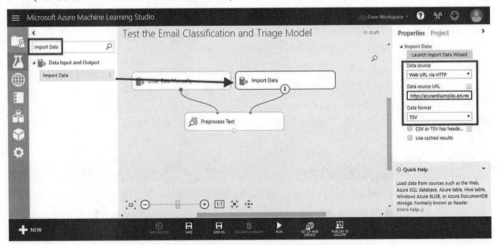

图 5-38 将 Import Data 模块添加到机器学习实验

(5) 添加 Edit Metadata 模块以便移除所有不必要的元数据，选择 Col2(见图 5-39)。

(6) 添加 Feature Hashing 模块以便将文本转换成数值特征，然后从列中选择 Col2(见图 5-40)。

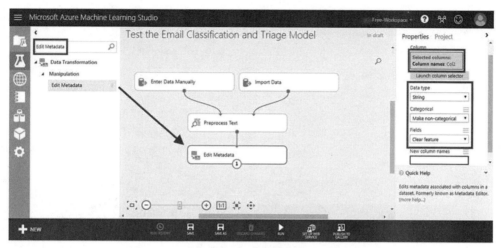

图 5-39 将 Edit Metadata 模块添加到机器学习实验

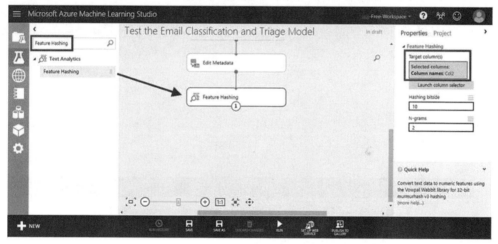

图 5-40 将 Feature Hashing 模块添加到机器学习实验

(7) 现在加载之前保存的训练模型。在搜索框中输入该模型的名称并且将它添加到流程(见图 5-41)。

(8) 添加 Score Model 和 Evaluate Model 模块并且运行该实验(见图 5-42)。

(9) 实验完成之后，右击 Evaluate Model 模块并且选择 Visualize，可视化模型运行的结果如图 5-43 所示。

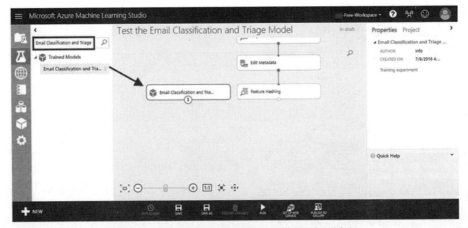

图 5-41 将之前训练好的机器学习模型添加到流程

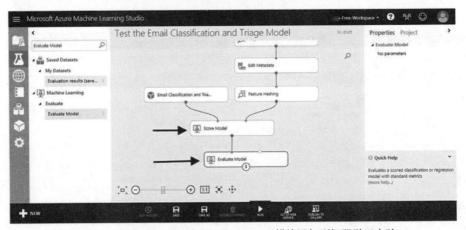

图 5-42 将 Score Model 和 Evaluate Model 模块添加到机器学习实验

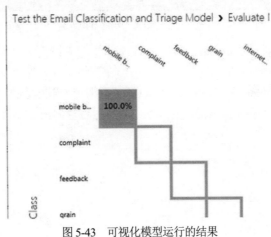

图 5-43 可视化模型运行的结果

该模型对于文本的检测结果具有百分之百的精确度。

5.3　异常检测：欺诈性信用卡交易案例

5.3.1　问题

极端值和异常值都是特殊事件的标示，比如需求高峰、潜在的欺诈行为、系统健康程度，以及应用程序安全性问题等。极端值检测是一个难以处理的问题，因为根据定义，异常情况都是较少出现的事件。如果我们手上拥有 Kaggle 提供的信用卡数据集，那么要如何检测欺诈交易呢？

5.3.2　解决方案

极端值(或者少数类元素)蕴含着大量有用的信息，其中包括未遵循典型消费模式的欺诈交易活动。它对于金融机构识别并且终止欺诈性信用卡交易以便保护客户而言至关重要。

这个示例将使用 Kaggle 数据集，可以在 https://www.kaggle.com/mlg-ulb/creditcardfraud/home 获取它。

该数据集包含 2013 年 9 月欧洲持卡人的信用卡交易。这一数据集中提供了持续时间超过两天的交易，并且在总共 284 807 笔交易中包含 492 笔欺诈交易。该数据集非常不均衡，因为正向类别(欺诈交易)仅占所有交易的 0.172%。

5.3.3　运行机制

现在开始处理：

(1) 在计算机上创建一个空目录，整个项目都会保存在这个目录中。这里将这个空目录建在桌面文件夹中。

(2) 在命令行中使用以下命令启动 Jupyter notebook 服务器：

```
jupyter notebook
```

这个命令将使用端口 8888 的 localhost 服务器在浏览器中打开 Jupyter 仪表板(见图 5-44)。

(3) 导航到第一步中创建的目录，单击 New 标签页，然后单击 Python 3 以便创建一个新的 Jupyter notebook。

这样 Jupyter notebook 就会在浏览器中打开一个新标签页，我们要在其中编写代码。

图 5-44　基于浏览器的 Jupyter UI

(4) 单击 Untitled 重命名该文件，然后输入期望的文件名，并且单击 Rename 按钮。

(5) 开始在代码单元格中编写代码(见图 5-45)。

图 5-45　编写和执行用于 Jupyter notebook 的代码

(6) 导入所需的依赖项。本项目中要使用下面这些库：

```
pandas as pd
from sklearn.preprocessing import StandardScaler
from sklearn.model_selection import train_test_split
keras
from keras.models import Sequential
from keras.layers import Dense
from keras.layers import Dropout
```

如果出现错误(Module Not Found，未找到模块)，则要使用以下命令安装所需的依赖项：

```
pip install <dependency-name>

import pandas as pd
from sklearn.preprocessing import Standardscaler
from sklearn.model_selection import train_test_split
import keras
keras.models import Sequential
```

```
keras . layers import Dense
keras. layers import Dropout
```

(7) 使用 Shift+Enter 组合键来验证该环境是接受输入还是存在错误，这个命令会执行代码并且在没有错误时创建一个新的代码单元格；否则，它就会在代码单元格下方显示一条错误信息。

(8) 加载要用于欺诈检测的数据(见图 5-46)。

```
In [8]:   1  df = pd.read_csv('creditcard.csv')
          2  df.head(1)
```

图 5-46　使用 Python 代码加载 CSV 数据

```
df = pd.read_csv('creditcard.csv')
  df.head(1)
```

head(*n*)：返回前 *n* 行，这个例子中返回的是 CSV 文件的第一行。

(9) 使用 Python Pandas 库的 unique()方法为对象指定唯一值：0 = 非欺诈, 1 = 欺诈(见图 5-47)。

```
In [6]:   1  df['Class'].unique()
```

图 5-47　调用 unique()方法

```
df['Class'].unique()
```

(10) 使用以下命令将数据划分为模型的训练数据集和测试数据集(见图 5-48)：

```
X_train, X_test, Y_train, Y_test = train_test_split(X, y, test_size=0.1,
random_state=1)
```

该模型将基于 90%的数据训练，并且保留 10%的数据用于测试。

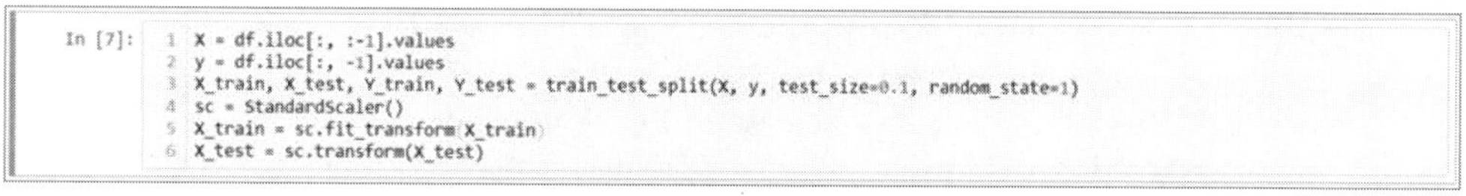

```
In [7]:   1  X = df.iloc[:, :-1].values
          2  y = df.iloc[:, -1].values
          3  X_train, X_test, Y_train, Y_test = train_test_split(X, y, test_size=0.1, random_state=1)
          4  sc = StandardScaler()
          5  X_train = sc.fit_transform X_train)
          6  X_test = sc.transform(X_test)
```

图 5-48　使用 Python 代码将数据划分为训练数据集和测试数据集

```
X = df.iloc[:, :-1]-values
y = df.iloc[:, -1].values
X_train, X_test, Y_train, Y_test = train_test_split(X, y, test_
size=0.1, random_state=1)
sc = StandardScaler()
X_train = sc.fit_transform(X_train)
```

```
X_test = sc.transform(X_test)
```

(11) 我们要使用一个顺序模型进行预测。顺序模型是 Keras 中的一个深度学习模型，它用于对新数据进行预测。可以通过将一列层实例传递给构造器(在这个例子中，构造器就是 clf)来创建一个顺序模型。可以使用 clf.summary()来显示顺序模型的摘要(见图 5-49)。

```
In [8]:
clf = Sequential([
    Dense(units=16, kernel_initializer='uniform', input_dim=30, activation='relu'),
    Dense(units=18, kernel_initializer='uniform', activation='relu'),
    Dropout(0.25),
    Dense(20, kernel_initializer='uniform', activation='relu'),
    Dense(24, kernel_initializer='uniform', activation='relu'),
    Dense(1, kernel_initializer='uniform', activation='sigmoid')
])
```

图 5-49 使用顺序模型进行预测

```
clf = Sequential([
 Dense(units=16, kernel_initializer='uniform', input_dim=30,
activation='relu'),
 Dense(units=18, kernel_initializer='uniform', activation='relu'),
 Dropout(0.25),
 Dense(20, kernel_initializer='uniform', activation='relu'),
 Dense(24, kernel_initializer='uniform activation='relu'),
 Dense(1, kernel_initializer='uniform', activation='sigmoid')
])
```

(12) 现在要针对训练数据拟合顺序模型并且设置数据被训练的次数(对数据集的迭代次数)。fit 函数被用于训练该模型(见图 5-50)。

```
In [11]:
tbCallBack = keras.callbacks.TensorBoard(log_dir='./Graph', histogram_freq=0, # for tensorboard
        write_graph=True, write_images=True)
clf.fit(X_train, Y_train, batch_size=15, epochs=5, callbacks=[tbCallBack])

Epoch 1/5
256326/256326 [==============================] - 13s 49us/step - loss: 0.0069 - acc: 0.9991
Epoch 2/5
256326/256326 [==============================] - 12s 47us/step - loss: 0.0037 - acc: 0.9994
Epoch 3/5
256326/256326 [==============================] - 12s 46us/step - loss: 0.0034 - acc: 0.9994
Epoch 4/5
256326/256326 [==============================] - 12s 49us/step - loss: 0.0033 - acc: 0.9994
Epoch 5/5
256326/256326 [==============================] - 12s 46us/step - loss: 0.0032 - acc: 0.9994

Out[11]: <keras.callbacks.History at 0x18a00139588>
```

图 5-50 使用 fit(...)方法训练模型

```
tbCallBack = keras.callbacks.TensorBoard(log_dir='./Graph',
histogram_freq=0, # for tensorboard
  write_graph=True, write_images=True)
clf.fit(X_train, Y_train, batch_size=15, epochs=5,
callbacks=[tbCallBack])
```

(13) 使用 evaluate()评估构造器(分类器)的精确度(见图 5-51)。

```
In [12]:   1  score = clf.evaluate(X_test, Y_test, batch_size=128)
           2  print('\nAnd the Score is ', score[1] * 100, '%')
```

图 5-51　调用 evaluate(...)方法评估模型

```
Score = clf.evaluate(X_test, Y_test, batch_size=128)
Print('\nAnd the Score is ', score[1] * 100, '%')
```

(14) 最后，我们就可以存储模型结果(见图 5-52)。以下代码将在目录中创建一个包含模型预测值的文件(具有.h5 的扩展名)。

```
In [13]:   1  model_json = clf.to_json()
           2  with open("model.json", "w") as json_file:
           3      json_file.write(model_json)
           4  # serialize weights to HDF5
           5  clf.save_weights("model.h5")
           6  print("Saved model to disk")
```

图 5-52　存储训练好的模型

```
model_json = clf.to_json( )
with open("model. json", "w") as json_file:
  json_file.write(model_json)
# serialize weights to HDFS
clf.save_weights("model.h5")
print("Saved model to disk")
```

基于指定的数据集，我们能获悉以下信息：

```
Fraud Cases: 49
Valid Cases: 28432
```

该数据集是极其不均衡的，因为正向类别(欺诈交易)仅占所有交易的 0.172%。正如输出中所显示的，损失函数降低了，并且评估精确度是 0.9992。

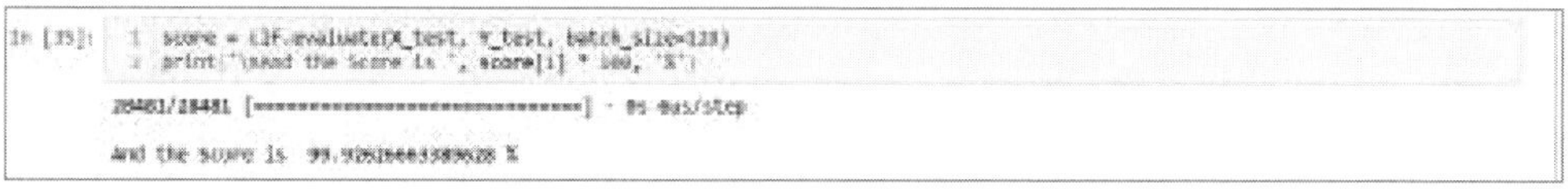

```
In [13]:   1  score = clf.evaluate(X_test, Y_test, batch_size=128)
           2  print('\nAnd the Score is ', score[1] * 100, '%')

28481/28481 [==============================] - 0s 0us/step

And the Score is  99.92926635909528 %
```

```
Score = clf.evaluate(X_test, Y_test, batch_size=128)
Print('\nAnd the Score is ', score[1] * 100, '%')
```

5.4　大海捞针：时序中的交叉相关性

5.4.1　问题

在遍布各个大型企业系统中的分布式应用中，事件会发生于多个位置，并且应用遥测技术并不总是具有唯一的关联 ID 以供确证。这种情况也会出现在真实场景中，比如当传感器捕获到后续需要被关联在一起以便找出其中规律的事件时。给定两个时序，我们要如何关联采样的时序数据？这里考虑的基本问题是，描述两个时序之间的关系并且对其进行建模。

5.4.2　解决方案

认知服务提供的功能集中有多种方式可以处理时序问题。其中包括 Azure Time Series Insights[1]，它支持的场景有，以可扩展方式存储时序数据，在时序数据中进行根源分析和进行异常检测，以及为多元资产/站点对比提供来自不同位置的时序数据流的全局视图。也可以使用 Azure Machine Learning Studio 中的 Time Series Anomaly Detection 模块来检测时序数据中的异常值[2]。不过，在这个方案中，我们要使用 DCF，它是一个底层算法，它用于展示可以如何完成一个简单的定制实现。

为了解决多时序相关性问题，这里使用了 Python 中的 DCF(离散相关性函数)实现。PyDCF 是一个 Python 版本的交叉相关性分析命令行工具，它用于对非均匀采样的时序进行分析。可以在 GitHub 的 https://github.com/astronomerdamo/pydcf 获取它。传统的时序分析或者 CCF(交叉相关函数)会假设，一个时间序列是在时域中均匀采样的。

正如之前描述的，有一些现实应用程序在其完美的定时采样方面是存在差异的；一款类似 PyDCF 的时序分析工具有助于执行这类场景的相关分析。

5.4.3　运行机制

我们来看看如何实现该解决方案：

(1) 访问后面这个链接并且从列表中选择 Data Science Virtual Machine for Linux (Ubuntu)：https://azure.microsoft.com/en-us/services/virtual-machines/data-science-virtualmachines/。

(2) 单击 TEST DRIVE 按钮以便获取可免费使用 8 小时的 DSVM(见图 5-53)。

---

[1] https://docs.microsoft.com/en-us/azure/time-series-insights/time-series-insights-overview
[2] https://docs.microsoft.com/en-us/azure/machine-learning/studio-module-reference/ time-series-anomaly-detection

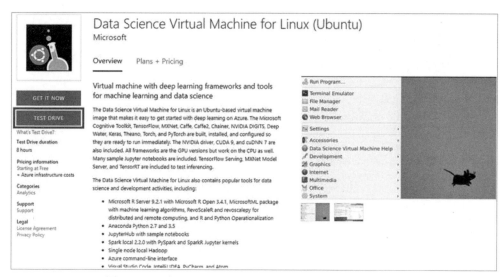

图 5-53 测试驱动 Azure Data Science Virtual Machine for Linux

(3) 输入登录详情以便进行登录。

(4) 使用 PuTTY 或者其他任何 SSH 客户端连接到服务器并且克隆这个仓库(见图 5-54)：

```
git clone https://github.com/astronomerdamo/pydcf.git
```

```
dsvm@              :~$ git clone https://github.com/astronomerdamo/pydcf.git
Cloning into 'pydcf'...
remote: Counting objects: 265, done.
remote: Compressing objects: 100% (45/45), done.
remote: Total 265 (delta 27), reused 59 (delta 18), pack-reused 195
Receiving objects: 100% (265/265), 286.65 KiB | 0 bytes/s, done.
Resolving deltas: 100% (112/112), done.
Checking connectivity... done.
```

图 5-54 GitHub 仓库的克隆结果

```
dsvm@ ***********:~$ git clone https://github.com/astronomerdamo/pydcf.git
Cloning into 'pydcf'...
remote: Counting objects: 265, done.
remote: Compressing objects: 100% (45/45), done.
remote: Total 265 (delta 27), reused 59 (delta 18), pack-reused 195
Receiving objects: 100* (265/265), 286.65 KiB | 0 bytes/s, done.
Resolving deltas: 100* (112/112), done.
Checking connectivity... done.
```

其中有一个具有两个 CSV 文件的 Example 文件夹。我们要使用这两个文件来运行 PyDCF。

不过在这之前我们必须做一些修改。PyDCF 无法在 SSH 中显示图形，因此我们必须保存该文件，然后将它复制到我们的本地机器中。

(5) 运行以下命令，以便在文本编辑器中打开 dcf.py(见图 5-55)：

```
cd pydcf
nano dcf.py
```

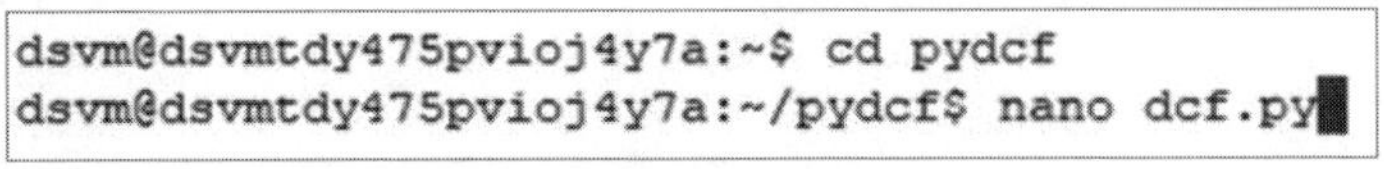

```
dsvm@dsvmtdy475pvioj4y7a:~$ cd pydcf
dsvm@dsvmtdy475pvioj4y7a:~/pydcf$ nano dcf.py
```

图 5-55　在文本编辑器中打开 dcf.py 文件

(6) 查看该文件底部。在 import matplotlib.pyplot as plt 下面添加 plt.switch_backend('agg') 并且使用 plt.savefig('graph.png')替换 plt.show()。

```
if OPTS.noplot :

  try:
    import matplotlib . pyplot as plt
    plt.switch backend('agg')
  except ImportError:
    print("Matplotlib not installed, try - pip install matplotlib")
    import sys
    sys.exit()

  plt.figure(0)
  plt.errorbar(T, DCF, DCFERR, color='k', 1s='-', Capsize=0)
  plt.xlabel("Lag")
  plt.ylabel("Correlation Coefficient")
  plt.xlim(OPTS.1gl[0], OPTS.1gh[0])

  plt.savefig('graph.png')
```

(7) 按下 Ctrl + O 快捷键，然后按 Enter 键，最后按下 Ctrl + X 快捷键来保存文件并退出编辑器。

(8) 现在，运行以下命令以便基于+/- 100 天的时间范围且 1.5 天的箱宽对两个示例 CSV 文件进行相关分析(见图 5-56)：

```
python dcf.py example/ts1.csv example/ts2.csv -100 100 1.5
dsvm@dsvmtdy475pvioj4y7a:~/pydcf$ python dcf.py example/tsl.cav example/
```

```
ts2.cav -100 100 1.5
```

A simple implementation of the discrete correlation function (DCF)
Author: Damien Robertson - robertsondamien@gmail.com

Usage :
      $ python def.py -h for help and basic instruction

```
dsvm@dsvmtdy475pvioj4y7a:~/pydcf$ python dcf.py example/ts1.csv example/ts2.csv -100 100 1.5

    A simple implementation of the discrete correlation function (DCF)
    Author: Damien Robertson - robertsondamien@gmail.com

    Usage:
      $ python dcf.py -h for help and basic instruction
```

图 5-56　执行 dcf.py 文件

(9) 要复制该图形，我们需要使用安全复制(scp)命令。打开一个 git bash 会话并且输入下面这行代码(见图 5-57)：

```
scp <username>@<server address>:~/pydcf/graph.png E:/
```

提示：
复制 C:/中的文件可能会抛出一个权限错误。请确保具有管理员权限。

图 5-57　执行安全复制(scp)命令

```
$ scp dsvm@*************.westcentralus.cloudapp.azure.com:~/pydcf/graph.
4png E:/
dsvm@*************.westcentralus.cloudapp.azure.com's password:
graph.png
```

(10) 打开该文件以便查看图形(见图 5-58)。

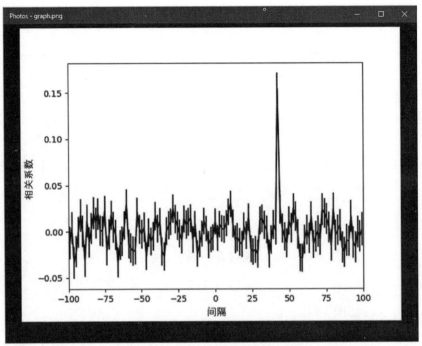

图 5-58 查看所生成的图形

(11) 也可以运行以下命令获取更多信息。该命令会从输入数据中剔除线性拟合,将 Gaussian 权重用于箱体对,并且将 dcf_output.csv 写入当前工作目录中:

```
python dcf.py example/ts1.csv example/ts2.csv -100 100 1.5 -v
-w=gauss -p=1 -o

PYTHON SCRIPT : dcf3

INPUT TIMESERIES 1: example/tsl.csv
INPUT TIMESERIES 2: example/ts2.csv
LAG RANGE PROBED : -100 .0 : 100 . 0
LAG BIN WIDTH : 1.5

Time series preparation
Linear De-trend Coefficients [a*x + b]
a: -7.279895942398102e-05
b: 5.846585155581444
```

```
Linear De-trend Coefficients [a*x + b]
a: -6.970931411465984e-05
b: 5.851324032124263


DCF INITIATED USING GAUSSIAN WEIGHTING
DCF COMPLETE
Writing DCF output file to: dcf output.csv
```

(12) 可以在 git bash 或者终端中使用这个命令下载该 dcf_output.csv 文件：

```
scp <username>@<server address>:~/pydcf/dcf_output.csv E:/
```

# LAG	DCF	DCF ERROR
-99.25	-0.0158	0.014134
-97.74621	-0.005308	0.014178
-96.24242	-0.016368	0.014183
-94.73864	-0.01503	0.013365
-93.23485	-0.007524	0.013348
-91.73106	0.012541	0.013567
-90.22727	0.017252	0.013371
-88.72349	-0.001564	0.01328
-87.2197	-0.013837	0.013102
-85.71591	-0.005997	0.012989
-84.21212	0.007061	0.013148
-82.70833	0.019557	0.0131
-81.20455	0.012169	0.012936
-79.70076	0.006193	0.012985
-78.19697	0.009875	0.012577
-76.69318	-0.006394	0.012586
-75.18939	-0.001397	0.012828
-73.68561	0.003778	0.012448
-72.18182	0.00635	0.012435
-70.67803	0.012826	0.012178
-69.17424	0.006401	0.012511

　　这份详细的输出以及所报告的相关系数是与时间序列中的间隔有关的；亦即，应该如何转换第一个时序以便匹配第二个时序(即 ts2 = ts1 - correlation)。正相关是 ts1 在 ts2 之前，而负相关则是 ts1 在 ts2 之后。这有助于将事件联系在一起以便构建事件分析所需的跨不同事件的时序一致性。

5.5　理解交易模式：对于能源的需求预测

5.5.1　问题

各种领域都会碰到需求预测问题：零售业、能源行业、酒店业、电子商务行业，甚至医疗健康行业也会希望了解其业务交易的发展情况。从能源领域的角度来看，全球电力需求和消耗每年都在增长。

这个方案将专注于能源领域中的需求预测。能源存储并不具有经济效益，因此电力设施和发电机需要预测未来的电力消耗，这样它们才能有效平衡供需两端。

5.5.2　解决方案

这一解决方案是基于 Azure AI gallery 解决方案的[3]，它应用了一个需求预测模型，并且将展示如何使用预构建模型。这里描述的解决方案可以通过 Cortana Intelligence Gallery[4]来自动化部署。这个解决方案组合使用了几个 Azure 服务，其中包括 Event Hubs、Stream Analytics、Power BI、Data Factory、Azure SQL 以及 Machine Learning 预测模型。

如果有兴趣在 Python 或 R 中实现这个解决方案，那么 AI residential electricity-bill prediction(AI 居民电费预测)[5]将有所帮助。

该解决方案涉及以下特性：

- Data Collection(数据收集)：收集实时耗电量数据的 Event Hubs。
- Data Aggregator(数据聚合器)：聚合流式数据的 Stream Analytics。
- Storage(存储)：Azure SQL 会存储和转换耗电量数据。
- Forecasting(预测)：Machine Learning 会实现和执行预测模型。
- Visualization(可视化)：Power BI 会可视化实时能耗数据以及预测结果。
- Orchestrator(编排器)：Data Factory 会编排和调度整个数据流。

后面的图标中揭示了预测能源需求的高层次解决方案架构，并在此处(使用编号标签)一一进行阐释：

1 – 气象数据以及能耗数据会被持续生成和暂存以供该解决方案使用。

2a – 能耗和气象数据是通过 Azure Event Hubs 摄入的。

2b – Azure Data Factory 会从数据源提取能耗和气象数据，并且将这些数据存储在 Azure SQL 中。

---

[3] https://gallery.azure.ai/Solution/Demand-Forecasting-3
[4] https://gallery.azure.ai/Solution/Energy-Demand-Forecasting-4
[5] https://github.com/nivmukka/AI-residential-electricity-bill-prediction

3a－ 使用 Azure Event Hubs 摄入的数据会通过 Azure Stream Analytics 转换成流以用于聚合。

3b－Stream Analytics 会确保存储在 Azure blob 存储中的地理数据被聚合并且转换流式数据。

4a－ 能耗和气候数据，以及之前的能源需求预测数据，被用于创建和/或改进进行能源需求预测的机器学习模型。

4b － 使用机器学习模型完成的能源需求预测会用 Azure Data Factory 写入 Azure SQL，以便编排已排程的更新。

5a(虚线部分)－ 在步骤 3a 中经过流式处理和聚合的数据会被 Power BI 仪表盘使用以便显示能源需求的持续预测。

5b－Azure SQL 中存储的源数据也会可视化显示在 Power BI 仪表盘上(见图 5-59)。

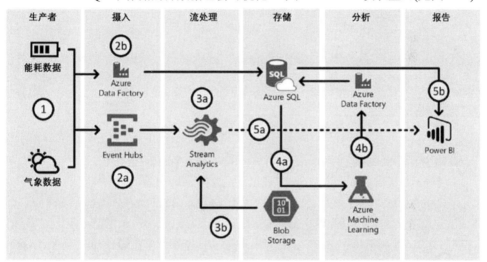

图 5-59　使用 Microsoft Azure 服务的解决方案高层次概览

5.5.3　运行机制

我们来看看如何实现该解决方案：

(1) 访问 https://goo.gl/KhxVYU 并且单击该文档右侧两个按钮中的任意一个。单击 Deploy 可以直接部署解决方案，或者单击 Try It Now 以查看 Demand Forecasting 的摘要信息(Try It Now 页面顶部也有部署按钮)。

能源解决方案的端到端需求预测可供用户探究和尝试 Cortana Intelligence Suite。

需求预测需要使用 SQL 服务器；稍后将介绍创建该服务器的一些步骤。该服务器每天可能需要花费 6.85 美元。请参阅定价策略以便了解可能产生的费用的准确信息。

(2) 设置名称以及其他所需的参数，并且单击 Create 按钮进入下一步(见图 5-60)。

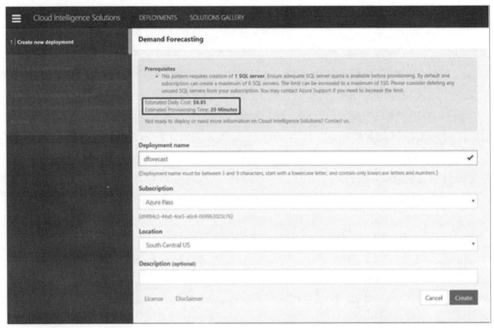

图 5-60　从 Cortana Intelligence Solutions Gallery 部署 Demand Forecasting 解决方案

设置 SQL 服务器账号(设置 SQL 名称和密码)并且单击 Next 按钮。

系统将开始提供资源，这是通过一个自动化处理过程完成的。这里我们不用做任何事情；只要等待该处理过程完成即可，这大约需要 20 分钟。

(3) 当该处理过程成功完成之后，将出现具有“就绪”状态的如图 5-61 所示的界面。

图 5-61　Demand Forecasting 解决方案部署完成

(4) 当该解决方案被部署到订阅中心之后，通过单击 CIS 中最终部署界面上的资源分组名称就可以看到所部署的服务了。

Azure SQL 数据库被用于保存数据和预测结果，而 Power BI 仪表盘被用于可视化实时能耗数据以及更新后的预测结果。

部署了该解决方案之后，建议在进行下一步处理之前等待两三个小时，因为我们会有更多的数据点要可视化。

在这一可视化步骤中，前置条件就是从以下链接处下载和安装免费的 Power BI Desktop 软件：

```
https://powerbi.microsoft.com/en-us/desktop/。
```

下载完成之后，打开并且安装 Power BI。

(5) 获取数据库凭据。

在完成部署时，可以在页面上找到数据库和服务器名称。SQL 用户名和密码将与部署开始时所选择的名称和密码相同。

(6) 更新 Power BI 文件的数据源。

在这个GitHub仓库中，我们可以下载Power BI文件夹中的EnergyDemandForecastSolution.pbix文件，然后打开它。

如果出现错误信息，请确保已经安装了 Power BI Desktop 的最新版本。

(7) 在该文件顶部，单击 Edit Queries 下拉菜单，然后选择 Data Source Settings。

(8) 在弹出窗口中，单击 Change Source，然后将服务器和数据库替换成我们自己的服务器和数据库名称，并且单击 OK 按钮。在服务器名称处，要确保在服务器字符串结尾处指定端口 1433(YourSolutionName.database.windows.net, 1433)。

(9) 完成编辑之后，关闭 Data Source Settings 窗口。在界面顶部，将出现一条消息。单击 Apply Changes。将弹出一个新窗口并且要求提供数据库凭据。单击窗口左侧的 Database，输入我们的 SQL 凭据，然后单击 Save 按钮(见图 5-62)。

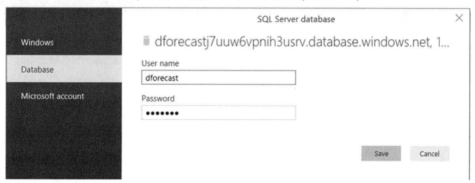

图 5-62　输入 SQL Server 数据库凭据

现在仪表盘已被更新为连接到数据库。在后台，模型刷新频率被设定为每小时刷新。可以随着时间推移单击顶部的 Refresh 按钮来获取最新的可视化信息。

Machine Learning 服务被用于针对接收到的输入对特定区域的能源需求进行预测。Azure SQL Database 被用于存储从 Azure Machine Learning 服务接收到的预测结果。然后在 Power BI 仪表盘中会使用这些结果。

(10) 导航到 Azure Dashboard 并且单击 dforecastmlwk。

(11) 在所显示的下一个页面上，单击 Launch Machine Learning Studio。

(12) 在下一个页面上单击 My Experiment，然后在实验页面上单击 Energy Demand Forecast Solution — Machine Learning Model。

(13) 在接下来的页面上，该模型已经创建好了；只要通过单击底部的 Run 按钮运行该模型即可。这样就会评估和验证该模型的每一个计算步骤。我们可以看到所使用的每一个步骤，从读取到执行 R 脚本，以及随后的可视化应用提升决策树(见图 5-63)。

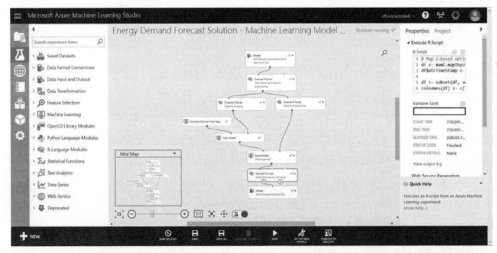

图 5-63 Azure Machine Learning Studio 中的能源需求预测解决方案

这一方案可以很容易地复制到我们所选择的数据集上。从 Data Input and Output 区域中所提供的导入数据选项处，我们可以导入将用于执行模型训练的数据(见图 5-64)。

导入该数据集之后，可以执行数据选取、预处理和转换。

(14) Data Selection(数据选取)：考虑哪些数据可用，哪些数据缺失，以及哪些数据可以被移除。

(15) Data Preprocessing(数据预处理)：通过格式化、清洗和从数据中采样来组织所选取的数据。

(16) Data Transformation(数据转换)：通过使用缩放、属性分解以及属性聚合这样的工程特征来转换准备好用于机器学习的预处理数据。

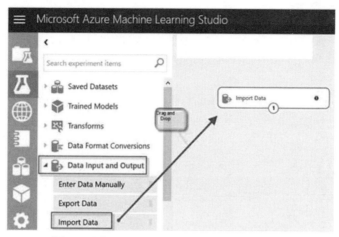

图 5-64　将 Import Data 模块添加到机器学习实验

图 5-65 显示了可视化能源需求预测结果的 Power BI 仪表盘。

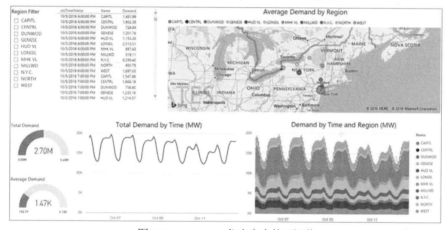

图 5-65　Power BI 仪表盘中的可视化

　　数据将被划分成用于训练和测试目的的两个部分；在机器学习中，通常会保留 80% 的数据用于训练，而其余的 20% 则用于测试。

　　在这个例子中，我们使用了 Boosted Decision Tree Regression(提升决策树回归)。这个回归方法是一种有监督学习方法，因此需要一个标记数据集。标记列必须包含数值。Azure ML Studio 文档[6]中提供了关于提升决策树回归或其他回归模型的进一步详细介绍，比如贝叶斯线性回归、决策森林回归、快速森林分位数回归、线性回归、神经网络回归、顺序回归以及泊松回归。

　　现在要提供训练数据和算法来训练模型。

[6] https://docs.microsoft.com/en-us/azure/machine-learning/studio-module-reference/ machine-learning-initialize-model-regression

完成训练之后，将基于测试数据对模型进行测试，这样就能确认该模型是否可以良好运行。

最终的输出(预测)将被存储在 Azure SQL Database 中，然后在 Power BI 仪表盘中会使用这些结果。

图 5-66 显示了每个地区能源需求的整体状况。单击左侧的筛选器选择单个地区以便研究每个地区的状况。

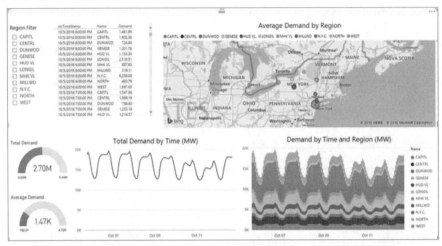

图 5-66　根据地区筛选可视化

图 5-67 所示的页面显示了来自 Azure Machine Learning 模型的需求预测结果以及供用户用于识别模型质量的不同错误指标。该机器学习模型中将气温及其预测值用作特征。

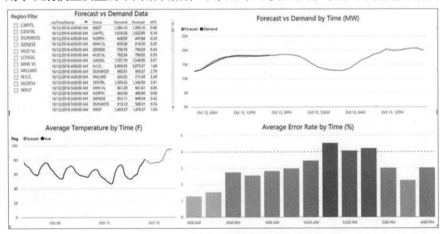

图 5-67　Power BI 中的预测与需求可视化

第 6 章

知识管理和智能搜索

"知识管理的代价很大——不过愚蠢的代价也很大!"

——Thomas Davenport,信息技术与管理特聘教授

"连接,而非收集:这是知识管理的本质。"

——Tom Stewart, *The Wealth of Knowledge*

知识管理是一门范围相当大并且令人敬畏的学科,它应对的是在组织内部和外部识别、捕获、存储、检索、归档和共享信息。想象一下作为技术支持工程师接收到工单要求处理某个应用程序内的某个问题的情况。现在思考如何获取与这一工单自动关联的所有信息,比如类似的工单及其解决方法、应用程序遥测数据和日志、标准操作流程,以及与该应用程序相关的其他知识库条目,比如维基文章。与这一应用相关的知识图谱甚至会推荐一个可能的解决方法,并且提供与上一次解决类似问题或者上一次使用过同一应用程序的同事有关的信息。

如果能够获取到所有这些信息作为工单的一部分,而不必四处搜寻这些信息,那么不仅我们的工作更加易于开展,而且我们会更具生产力。这就是好的知识管理系统的核心目标——提供对信息的无缝获取并且帮助提升员工的生产力以及在智能化数据驱动决策方面的效率。

从更大的影响范围来讲,知识管理有助于围绕理解力来构建能力,而理解力构成了人类的认知能力,比如能够执行智能搜索,回答问题,将事实关联起来,构建动态分类系统,构建概念层次和主体模型,以及简要地汇总观点。虽然基于关键字的搜索已经被我们应用了很长时间,但对于大多数企业使用场景而言,一种更为优雅的解决方案是必要的,这种方案要能够处理现实环境的易用性需求。关键字搜索已经演化成语义搜索,其中索引是作为自然语言处理的一部分来执行的。语义搜索被进一步提炼成上下文搜索,它应用了机器学习算法以便在通过数据进行搜索之前首先确定上下文。例如,如果我们

的查询是要找到服务 A 的 SLA，那么探究服务 B 的 splunk 日志或者在知识库中搜索服务 A 的审计策略的做法就是毫无意义的。紧接着，上下文搜索的自然发展就是认知型搜索，我们要在其中使用人类互动的构成来同时提升可用性和业务价值。这一搜索方法所提供的结果将与特定用户或应用更为相关。

Forrester 是像下面这样定义认知型搜索和知识发现解决方案的：

"新一代的企业搜索解决方案就是，采用像自然语言处理和机器学习这样的 AI 技术来摄入、理解、组织和查询来自多个数据源的数字化内容。"

有几个因素可以将"古典"搜索和知识管理解决方案与认知型搜索解决方案区分开来。第一个因素就是摄入多个数据源并且构建相关性的能力。数据源可能处于不同的形态——比如，结构化和非结构化数据，或者像 PDF、表格和图形这样的暗数据内容项；Excel 工作表；图像；音频和视频数据；以及来自 IoT 设备的传感数据。合并此类多数据源，应用自然语言处理和实体检测，以及随时间推移提升结果的相关性就是将标准搜索与认知型搜索区分开来的关键点。认知型搜索并不会查找特定关键字，而是识别意图。用户可以询问其假期剩余天数是多少，或者他是否可以休十天假，或者公司的休假政策是什么，这些意图都是非常类似的。其处理需要调用 HR 知识库以便找到正确的休假假期剩余天数，并且将结果报告给用户。

从企业知识管理的角度看，认知型搜索查询会提供与用户意图和知识消费行为有关的大量信息。认知型搜索还依赖于数字化助理以及情景化、地理位置相关的搜索结果所构成的现代生态系统。

当知识管理系统有助于提供对于正确决策的协助时，它就真正地履行了其职责——比如，在正确的时间以正确格式提供正确类型的信息。在正确构建的情况下，智能知识管理系统有助于提升跨信息竖井的协作，并且让整个企业都可以获取分散在众多业务单元中不同方面的知识。这不仅会为员工带来精简且高效的业务流程，还会提升客户满意度。

人工智能和机器学习都是极其需要大数据量的领域，其中的数据科学家总是在寻求干净、相关且有用的数据来训练其模型。与机器学习问题中所用的典型数据集相反，企业内的知识通常可以被划分为三个类别，也就是显性知识、隐性(部落)知识，以及嵌入性知识或者说陷入流程中的知识。在构建企业的知识管理模型时，我们需要处理所有这些不同形式的数据以便得到期望的结果。

显性知识就是我们最常使用的知识，其信息作为记录存在于文档管理系统之中，并且存储为易于使用的格式。与显性知识源相反，隐性知识留存在人类大脑中并且难以对其进行挖掘。这类部落知识的基础是从内部机制理解人类基于其经验的处理过程。这一组织化知识通常是最难获取的；这类知识要通过访谈和调查来提取，其获取要通过着眼于组织活动数据的智能处理挖掘来进行，这些活动数据包括但不限于会议纪要、来自电话会议记录的可行动见解，以及信息交换。组织文化驱动着隐性知识的需求，根据我们的经验，组织文化是构建知识管理系统的其中一个最关键的组成部分。第三类信息源就是嵌入性知识，它包括来自应用遥测技术的信息、处理过程，以及进程间通信日志。这类知识不仅局限于应用程序和服务，还包括需要人类介入以便帮助扩展原本能得到直接且明显结果的自动化流程。

认知计算在知识管理中扮演着举足轻重的角色，它能提供这些知识源之间的关联能力。所有三种类型的知识源——显性、隐性和嵌入性——都可以被进一步分类为动态和静态信息源。动态源会随着时间推移而自动发生变化和更新；例如，应用程序的真实 SLA(服务水平协议)(不过，作为合同条款的一部分而记录的 SLA 是静态的并且将保持不变，直到双方都决定更新该协议为止)。认知型知识管理系统不仅会报告这些 SLA 数字，还会提供对于其历史值、当前值和未来值的预测式见解。在这个 SLA 示例中，认知型知识管理系统模拟人类的思考过程，它不仅会实时报告应用程序的当前 SLA，还会对未来的 SLA 以及可能的级联故障问题执行预测式分析。这是认知处理的关键价值命题：使用 AI 和机器学习通过研究知识和进行更好的决策来模拟人类直觉所得出的有价值见解。

认知型搜索遵循与知识管理相同的范式；通过挖掘和关联结构化与非结构数据，它能够超越一般的搜索并且进入洞察引擎的领域。洞察引擎具有指导性检索和自然语言能力，它运行在企业知识图谱之上，并且可以通过将查询与这些问题背后的意图联系起来的能力持续改进其自身。

AI 驱动的认知型搜索迎合了行业需要。例如，在法务或专利处理领域，它有助于自动化合同分析，这是通过分析大量的法务文档来实现的，比如合同、NDA(Non-Disclosure Agreement，保密协议)、租赁合同以及备案文件。然后这些信息可以被知识工作者用于执行自然语言查询，比如 find me all NDAs that have a two year limit and IP clause(找出具有两年限期和知识产权条款的所有 NDA)。

主题专家能提供业务流程中蕴含的巨大价值，因为他们深刻理解业务。认知型搜索会搜索内网和员工门户以便构建一份技能知识图谱，并且会基于员工的组织从属关系、之前针对特定问题的工作经历以及对应的技能实体来向合适的员工推荐合适的任务。

有了认知型搜索和知识管理之后，可用性就非常重要了。组织可以发布智能搜索端点以供认知型数字化助理使用，然后数字化助理可以使用知识仓库来查询问题描述并且提供具有较高置信度的相关答案。高质量的答案都具有信息丰富的标注，并且有助于让决策更加容易。

构建认知型知识库系统需要各种 AI 和机器学习组件共同发挥作用；这包括构建动态分类系统来保持内容更新并且提供一些特性，这些特性包括智能内容验证，自然语言查询和意图检测，从新数据源中动态生成页面、智能知识块、标注引擎以及智能模板。知识管理的特征是版本管理，分析，与像 Microsoft teams 或 Slack 这样的系统集成，单点登录，内容导入和导出，管理控制，以及作为标准配置的定制集成。

之前我们简单提到过知识图谱，不过智能搜索的一个核心部分就是知识图谱。知识图谱会将一些数据碎片连接起来以便填充空白，并且将其描述为一个完整的企业系统。市面上有各种可以帮助构建知识图谱的图形数据库，其中包括 CosmoDB、GRAKN 和 Neo4j。这些图形数据库系统提供从数据集中基于角色关系建模的能力。一种典型的方法是，使用图形数据库模式构建知识图谱并且运行预先定义或者已知的规则来建立推论出的规则。在构建知识图谱时，我们必须认识到由于运行这些规则所需的数据量和复杂性而引发的潜在挑战。

简要介绍完知识管理这一非常大的领域之后，我们将要深入研究该领域的一些解决方案，其中我们将看到一个知识管理系统的各个独立组成部分，以及如何应用诸如 OCR、图谱搜索、自然语言查询、实体搜索以及连接的技术来构建一个智能知识引擎。

6.1　探究 Azure Search 索引处理

6.1.1　问题

许多组织仍旧在维护和存储由扫描文档构成的大型资料库或记录中心。虽然这些文档是作为 PDF 或图像来存储和查看的，但大部分内容都是不可搜索的，除非对扫描文档进行 OCR(Optical Character Recognition，光学字符识别)处理，以便从图像中提取文本。这主要涉及利用部署到内部部署的数据中心的第三方解决方案，并且需要提供额外的硬件资源。

在 JFK 文件的案例中，美国政府解密了大量珍贵的文档，任何人想要探究所公布的这一数据集都面临巨大的挑战。

Microsoft 开发、维护并且拥有 JFK 文件的演示程序，这里提供了该演示程序以便展示如何使用 Microsoft Azure Search and Cognitive Services 来探究、爬取和索引 CIA 的 JFK 资料这一相当巨大的语料库。

6.1.2　解决方案

前面所说问题的解决方案使用了下面这组 Microsoft Azure 提供的服务：
- Azure Storage
- Cosmos DB
- Cognitive Services
- Azure Search
- Azure Functions

　　概括而言，该解决方案涉及通过执行OCR从扫描文档中提取文本。提取出文本之后，这些文本会被存储和爬取以便构建一个搜索索引。在创建索引的过程中，其内容会充实起来，因为会提取出文本中的实体并且将索引内容与实体连接起来，还会对扫描文档中的文本进行注释。爬取内容的Azure Search服务也会由于一组适合问题领域的自定义技能集而得到增强。自定义搜索技能用于将假名(CIA所用的编码单词)与文本连接起来，并且使用hOCR标准提取OCR元数据。最后一点，该解决方案会创建一套UI以便让用户可以提交搜索查询并且可视化查看搜索结果。

　　图 6-1(a)和图 6-1(b)(为了清晰起见划分成两个单独的图)中提供了该解决方案的详尽时序图。

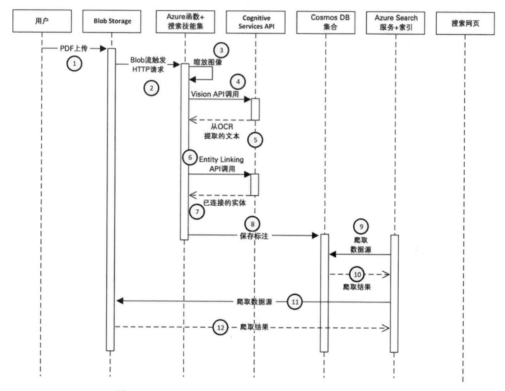

图 6-1(a)　Azure Search JFK 解决方案时序图(步骤①到⑫)

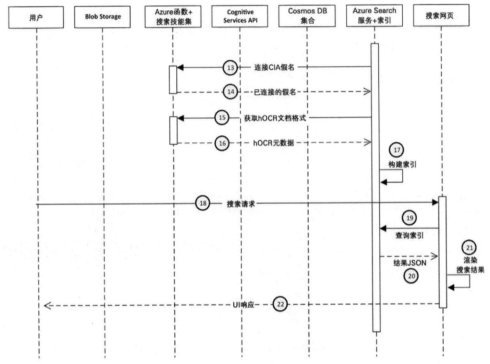

图 6-1(b) Azure Search JFK 解决方案时序图(步骤⑬到㉒)

6.1.3 运行机制

该搜索解决方案运行步骤如下(编号指的是时序图中的序号标签):

(1) 用户上传一个或多个包含文档和手写记录的扫描图像的 PDF 文件。

(2) HTTP 触发器会立即发起对 Azure 函数中包含的逻辑调用。

(3) Azure 函数代码会缩放图像,并且将其存储在 Azure Storage 中以备进一步处理。

(4) 该函数会发起对 Microsoft Cognitive Services Vision API 的调用,将图像作为 blob 流来传递。

(5) Vision API 会将该图像的 OCR 结果返回到 Azure 函数代码。

(6) 该函数会立即调用 Microsoft Cognitive Services Entity Linking API。

(7) Entity Linking API 会返回一组来自从步骤⑤OCR 操作所提取出的文本中的连接实体。

(8) Azure 函数会从连接实体中生成注释,并且将这些注释存储在 Azure Cosmos DB 数据库集合中。

提示：

步骤⑨到⑯可以同时进行，步骤⑨、⑪、⑬和⑮借此可以同时爬取内容并且调用自定义技能，而步骤⑩、⑫、⑭和⑯可以同时将结果返回到 Azure Search 服务以便创建搜索索引。

(9) Azure Search 实例会爬取注释。

(10) 将爬取结果返回到 Azure Search 实例以便构建搜索索引。

(11) Azure Search 实例爬取 blob 存储。

(12) 将爬取结果返回到 Azure Search 实例以便构建搜索索引。

(13) Azure Search 实例使用自定义假名技能集将索引词语与 CIA 假名连接起来。

(14) 将已连接的假名返回到 Azure Search 服务。

(15) Azure Search 实例使用自定义 hOCR 格式化技能集来提取 hOCR 元数据。

(16) 将 hOCR 元数据返回到 Azure Search 服务实例。

(17) Azure Search Service Indexer 使用来自所爬取内容(在步骤⑩、⑫、⑭和⑯中检索到的)的结果构建搜索索引。

(18) 用户从 UI 提交搜索请求，该 UI 托管在 https://jfk-demo.azurewebsites.net/并且是使用 AzSearch.js 生成的。

(19) UI 发送对搜索索引的查询。

(20) JSON 结果被发送回 UI。

(21)在 UI 中渲染所返回的 JSON 结果。

(22) 向用户显示搜索结果。

6.2　使用 LUIS 进行自然语言搜索

6.2.1　问题

对于将内容存储在众多数据存储(包括关系型或者 NoSQL 数据库、内容管理系统，或者简单的文件共享)内的组织而言，为所有用户提供一致的搜索体验会是一项艰巨的任务。在大部分情况下，搜索的执行都是仅使用一个关键字来返回数百个结果，对这些结果进行筛选会非常麻烦。

6.2.2　解决方案

在现有搜索之上构建一层自然语言处理将极大地增强用户体验，因为这与仅使用传统的关键字搜索方法相反，可以使用自然语言来构造搜索查询。

图 6-2 揭示了我们要使用 Consumer Complaint Database(用户投诉数据库)构建的解决方案，该数据库是一个 CSV 文件，它来自美国政府的公开数据站点。6.2.3 节"运行机制"中提供了图示中编号箭头的说明。

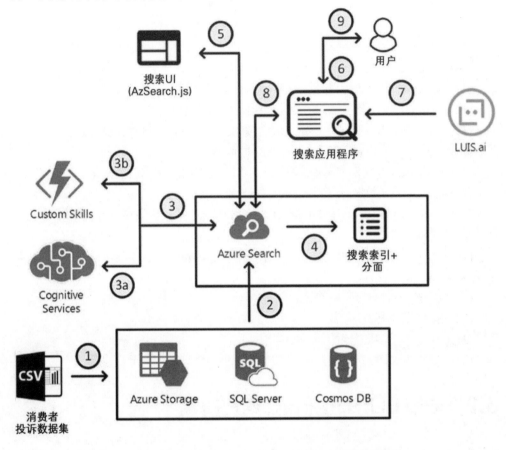

图 6-2　自然语言搜索与 LUIS 结合使用的解决方案的高层架构

6.2.3　运行机制

图 6-2 所示的事件和/或操作大体可以分成三类: 数据暂存、索引创建以及查询索引。接下来一一介绍该图表中与编号标签有关的内容。

1. 数据暂存

(1) 从源站点下载数据集并且直接上传到 Azure Storage 账户中。或者，可以将数据集加载到诸如 SQL Server 的结构化数据库的表中，或者加载到 Cosmos DB 的集合中。

2. 索引创建

(2) 将暂存数据导入 Azure Search 服务实例中以便进行索引。

(3) (可选)为进一步丰富所提取索引和搜索面，可以利用下面两种技能之一：

　　a. Cognitive Services——允许使用 Microsoft Cognitive Service API，比如 Key-Phrase Extraction(关键短句提取)、Named Entity Recognition(命名实体识别)、OCR 等。

　　b. Custom Skills——部署为无服务器 Azure 函数；在搜索管道中启用专用处理以便得到特定于领域的丰富文档。

(4) 基于一组定义好的搜索设置生成一个命名搜索索引。

3. 查询索引

(5) (可选)为了快速测试搜索索引，可以使用 AzSearch.js 生成一个原型 UI，并且执行一些搜索和筛选查询。

(6) 对话机器人或者自定义搜索应用允许用户使用自然语言将一个搜索查询提交到 Azure Search 服务端点。

(7) 搜索应用或者对话机器人使用 LUIS.ai 从用户话语中判定和提取意图与实体。

(8) 基于从话语中提取出的意图和实体来生成搜索查询，并且将其提交到 Azure Search 服务端点，该端点会将搜索结果返回到调用方应用。

(9) 搜索结果会被格式化并且显示给用户。

现在已经介绍了该解决方案的高层概览，接下来将介绍如何构建该解决方案。为了便于大家能够更为清晰地理解，下一节中所讲解的步骤也会像前面的解决方案说明一样分成相同的三类。

4. 数据暂存——分步骤说明

(1) 从这个URL下载CSV数据文件：https://catalog.data.gov/dataset/consumer- complaint-database。

或者，也可以访问 data.gov 站点并且搜索关键词 Consumer Complaints 来打开该数据集页面。

(2) 为了便于对所下载的 CSV 文件进行爬取，需要将该文件划分成更小且更加可管理的文件，因为从性能和服务阈值的角度来看，并不推荐对大型文件进行爬取。

　　a. 打开 bash 命令行并且使用类似于下面这样的命令定位到包含所下载 CSV 文件的驱动器和文件夹(我们系统上的文件夹结构可能有所不同)：

```
cd /mnt/d/Datasets/ConsumerComplaints
```

    b. 使用以下命令对文件进行分割，指定 100 作为每个 CSV 文件的行数：

```
split -l 100 Consumer_Complaints.csv
```

    在我的系统上，上面这个命令将生成超过 15 000 个文件。

    如果计划将 CSV 内容上传到 blob 存储账户中，那么将一个大型 CSV 文件划分成较小的文件是有好处的，因为服务和定价层级是有限制的。

    c. 所生成的文件将缺少文件扩展名。使用以下命令将文件扩展名设置为.csv：

```
for i in *; do mv "$i" "$i.csv"; done
```

    此时，可以将这些文件上传到所选的数据存储以便爬取其内容。

    就这个示例而言，我们要将数据加载到 SQL Server 数据库表中。

(3) 打开 SQL Server Management Studio 并且连接到我们希望加载 Consumer Complaints 数据的数据库。

(4) 在 Object Explorer 中，右击该数据库并且单击 Tasks | Import Flat File…。

(5) 单击 Introduction 界面上的 Next 按钮。

(6) 选择想要加载到该数据库中的 CSV 文件。对于这个方案而言，我们将直接选取步骤(2b)中对该大型文件进行划分之后所生成的第一个 CSV 文件。

    输入 Consumer_Complaints(或者任意选择一个名称)作为数据表名称。

    完成时单击 Next 按钮(见图 6-3)。

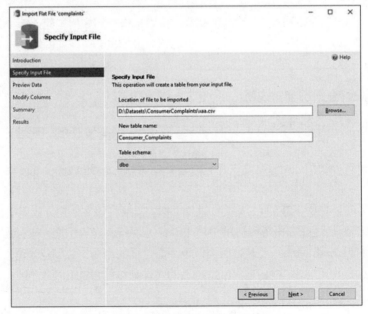

图 6-3　指定要导入的输入文件

(7) 在确保正确读取了所有 CSV 数据之后，单击 Preview Data 界面上的 Next 按钮。

(8) 在 Modify Columns 界面上，下滚并且勾选 Complaint_ID 列的 Primary Key 复选框。完成时单击 Next 按钮(见图 6-4)。

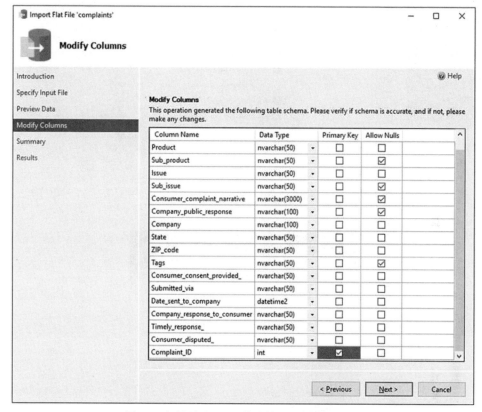

图 6-4　如果需要，可以修改所导入的数据集模式

(9) 单击 Summary 界面上的 Finish 按钮。

当 CSV 数据被插入表中之后，将出现一条 Operation Complete 消息。

为了简单起见，这里选择仅将一个 CSV 文件加载到 SQL Server 数据库表中。

或者，也可以完整上传该大型 CSV 文件，而这样也会花费较长的时间进行加载并且创建搜索索引的时间会变长。

5. 索引创建——分步骤说明

(10) 登录到 Azure Portal，单击左上角的 Create a resource，在搜索文本框中输入 Azure Search，按 Enter 键，并且在搜索结果中单击 Azure Search(见图 6-5)。

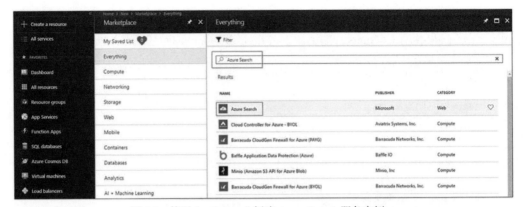

图 6-5　使用 Azure Portal 创建 Azure Search 服务实例

(11) 单击 Azure Search 界面上的 Create 按钮。

(12) 在 New Search Service 界面中指定 Search Service 属性，并且在完成时单击 Create 按钮(见图 6-6)。

图 6-6　Azure Portal 中的 New Search Service 界面

(13) 提供了这些属性之后，导航到 Search Service 并且在 Overview 界面顶部的工具条上单击 Import data 链接(见图 6-7)。

图 6-7　导入数据以便创建搜索索引

(14) 在 Import data 界面中，单击 Data Source – Connect to your data 选项，选择 Azure SQL Database 作为数据源，指定所选的名称作为数据源名称，并且单击 Or input a connection string 链接(见图 6-8)。

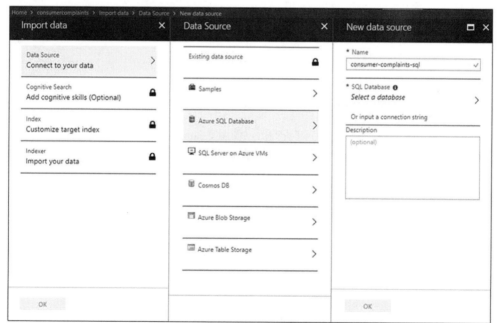

图 6-8　指定要爬取的 Azure SQL 数据源

粘贴 SQL 数据库的连接字符串，然后单击 Test connection 按钮以便验证所输入的连接详情。

从 Table/View 下拉框中选择 Consumer_Complaints 表并且单击 OK 按钮(见图 6-9)。

图 6-9　指定数据源的连接字符串以及登录凭据

(15) (可选)虽然是可选的，不过我们可以使用 Cognitive Search 界面中的设置从数据表的列中提取额外的信息。

在这个例子中，我们要指定设置来使用 Microsoft Cognitive Services 以便从 Consumer_complaint_narrative 列中提取信息，此列包含了消费者实际的投诉文本。

输入所选择的技能集名称，并且从 Source data field 下拉框中选择 Consumer_complaint_narrative 列。

勾选除了 Detect language 以外所有的 COGNITIVE SKILLS 复选框，因为我们已经知道，所有的投诉记录内容都是英文的。

在完成时单击 OK 按钮(见图 6-10)。

(16) 在 Index 界面上，输入一个 Index name 并且确保在 Key 下拉框中选择 Complaint_ID(数据表的主键)。

勾选列头中的复选框以便让所有字段都可检索(RETRIEVABLE)、可筛选(FILTERABLE)、可分面(FACETABLE)。

完成时单击 OK 按钮(见图 6-11)。

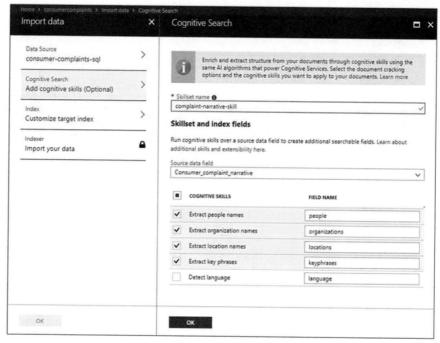

图 6-10　选择单列要使用的认知技能

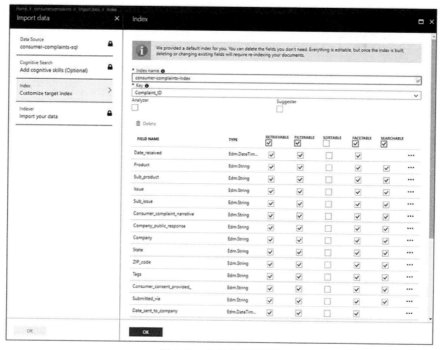

图 6-11　自定义目标索引

(17) 在 Create an Indexer 界面上，输入所选的索引器名称。为 Schedule 保留 Once 这个默认选择值，并且单击 OK 按钮。

根据数据源更新的频率，可以为要索引的内容指定每小时或每天的更新计划(见图 6-12)。

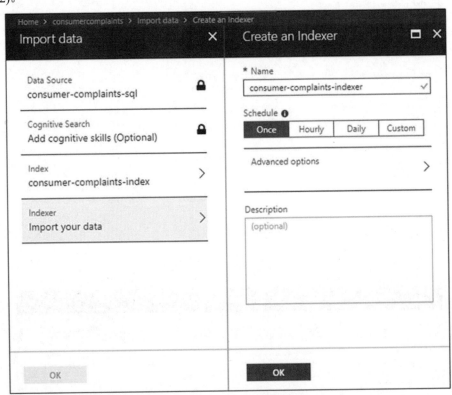

图 6-12 为所爬取内容设置计划

(18) 完成了所有处理步骤之后，单击 Import data 对话框上的 OK 按钮。

创建索引所耗费的时间取决于要索引数据的大小。

6. 查询索引——分步骤说明

(19) (可选)可以使用 Azure Portal 查询搜索索引，以便通过以下这些步骤来确保 Azure Search 是正常工作的：

    a. 单击 Overview 界面顶部工具栏中的 Search explorer 链接。

    b. 在 Search explorer 界面中，在 Query string 文本框中输入一些文本并且单击 Search 按钮。

搜索结果所返回的 JSON 将显示在 Results 下方(见图 6-13)。

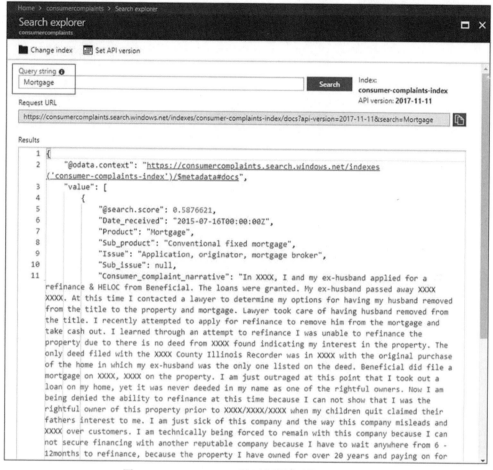

图 6-13　Search explorer 界面中检测到的 JSON 结果

(20) (可选)为了生成调用 Search 服务和显示结果的快速 UI，请遵循以下步骤：

a. 导航到以下 URL 的 AzSearch Generator 页面：

```
http://azsearchstore.azurewebsites.net/azsearchgenerator
```

我们需要在这个页面上填写详细信息以便生成一个 HTML UI 文件来查询我们的 Search 服务。

b. 单击 Search 服务的主导航界面上的 Keys 链接(见图 6-14)。

c. 复制 PRIMARY ADMIN KEY 或 SECONDARY ADMIN KEY，并且将其粘贴在 AzSearch Generator 页面的 Query Key 文本框中。

主密钥和次密钥都允许同时读取和写入，或者可以单击 Keys 界面上的 Manage query keys 链接以便复制只读密钥(见图 6-15)。

图 6-14 Search 服务主界面中的 Keys 链接

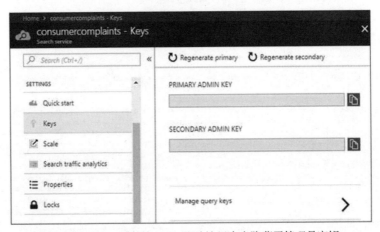

图 6-15 Search 服务的 Keys 界面(这里有意隐藏了管理员密钥)

d. 为了获取 AzSearch Generator 的 Azure Search index JSON 值:

   i. 导航到 Search explorer 界面(参见步骤(19a))。

   ii. 选择和复制 Request URL 值,从 https 开始直到索引名称,截至在/docs 之前(见图 6-16)。

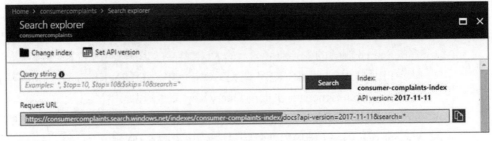

图 6-16 Search explorer 界面中的搜索索引 Request URL

iii. 打开 Postman 应用，选择 GET 作为动词，并且将所复制的 URL 粘贴到 Enter request URL 文本框中。

在我们的示例中，所粘贴的 URL 如下：

```
https://consumercomplaints.search.windows.net/indexes/
consumer-complaints-index
```

iv. 将所粘贴的带有之前 Search explorer 窗口所示的 api-version 查询字符串的 URL 附加到 Postman 中。

添加了该查询字符串之后，Postman 中所粘贴的 URL 就会像下面这样：

```
https://consumercomplaints.search.windows.net/indexes/
consumer-complaints-index?apiversion=2017-11-11
```

v. 单击 Send 按钮以便从 Search 服务中检索 JSON(见图 6-17)。

图 6-17　Postman 中显示的来自 Search 服务的 JSON 结果

vi. 单击 Postman 中的 Raw 标签页，并且选择+以便复制该 JSON。

将所复制的 JSON 文本粘贴到 AzSearch Generator 页面上的 Azure Search index JSON 文本框中。

e. 在 AzSearch Generator 页面的 Service Name 文本框中输入 Search 服务的名称 (本示例是 consumercomplaints)。

f. 现在我们已经指定了 AzSearch Generator 中的所有值，单击底部的 Generate App 按钮。

一个 HTML 文件(azsearchjsApp.html)将被下载到计算机上。

如果在浏览器中打开生成的 HTML 文件并且单击顶部的 Search 图标，将不会显示任何结果，因为 Search 服务端点上还没有启用 CORS。

g. 在 Azure Portal 中，导航到 Search 服务的 Overview 主界面并且单击索引名称(见图 6-18)。

图 6-18　Search 服务索引

h. 打开该索引界面后，单击顶部工具栏中的 Edit CORS options 链接，选择 All 作为 Allowed origin type 的值，并且单击 Save 图标(见图 6-19)。

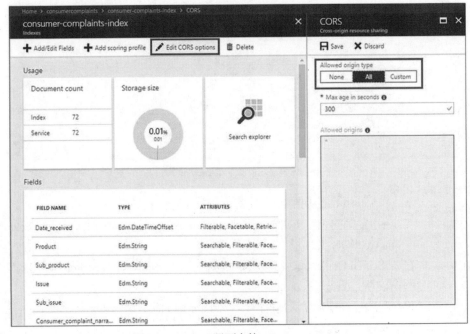

图 6-19　Indexes 界面中的 Edit CORS options

i. 如果在浏览器中打开 azsearchjsApp.html 文件，在搜索文本框中输入一个搜索词(比如，mortgage)，并且单击搜索图标，页面上将会出现搜索结果。

注意，所有指定为可筛选的字段都会出现在界面左侧作为筛选器(见图 6-20)。

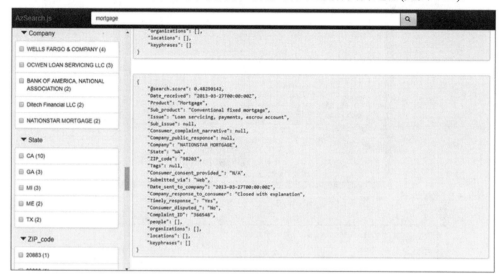

图 6-20　所生成的 AzSearch.js 应用

现在我们要创建 LUIS.ai 应用并且使用 Visual Studio 2017 编写代码，以便基于用户意图来查询 Azure Search 服务。

(21) 导航到 https://www.luis.ai 处的 LUIS(Language Understanding Intelligent Service，语言理解智能服务)站点。

(22) 单击页面右上角的 Sign In 链接，并且使用之前用来登录 Azure Portal 的同一账户凭据进行登录。

(23) 单击 My Apps 下方的 Create new app 按钮。

(24) 在 Create new app 对话框中，在 Name 栏中输入 ConsumerComplaints 并且单击 Done 按钮(见图 6-21)。

创建好该应用之后，浏览器将自动导航到 Intents 界面。

(25) 单击 Create new intent 按钮，在 Intent name 文本框中输入 Complaints. SearchByCompany，并且单击 Done 按钮(见图 6-22)。

(26) 在 Intent 界面上，在其文本框中输入 get complaints filed for company x 并且按 Enter 键。

所输入的文本将被添加到文本框下方的话语列表中。

图 6-21　LUIS.ai 网站上的 Create new app 对话框

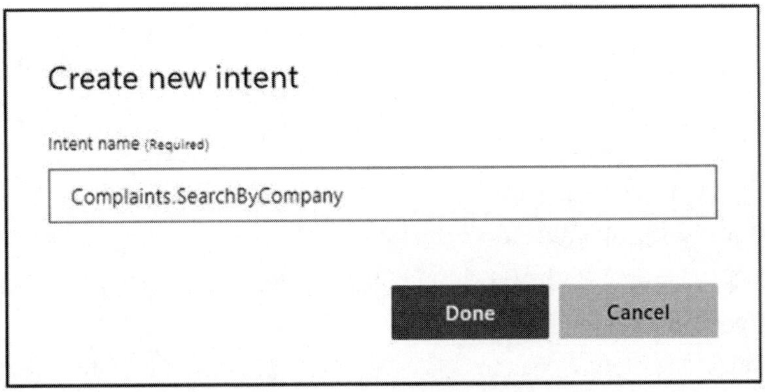

图 6-22　LUIS.ai 网站上的 Create new intent 对话框

(27) 重复步骤(26)并且添加以下话语：

i. list all complaints for company x

ii. what complaints were made against x

iii. company x complaints

iv. search complaints for x

v. search complaints for company x(见图 6-23)

(28) 单击左侧导航栏中的 Entities 链接。

(29) 在 Entities 界面上，单击 Entities 标题下方的 Create new entity 按钮。

(30) 输入 Company 作为 Entity name，选择 List 作为 Entity type，并且单击 Done 按钮(见图 6-24)。

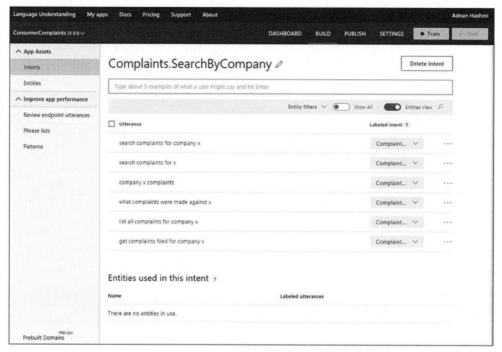

图 6-23　为该应用指定的话语列表

图 6-24　为所创建的实体选择一个实体类型

(31) 在 Company Entity 界面上，在 Values 下方的文本框中输入 Wells Fargo and Company。

(32) 输入 Wells Fargo 作为步骤(31)中输入值的 Synonym(同义词)，并且按 Enter 键。

(33) 为表 6-1 所示的标准值和同义词重复步骤(31)和(32)：

表 6-1 标准值和同义词

标准值	同义词
US Bancorp	Bancorp
Equifax Inc	Equifax, Equifax Incorporated
American Express Company	Amex, American Express
First National Bank of Omaha	First National, First National Bank, Omaha First National

对于具有多个同义词的值，要按下 Enter 键或者在输入一个同义词之后输入一个逗号字符以便提交，并且添加另一个同义词(见图 6-25)。

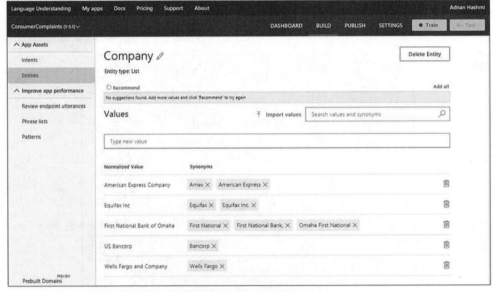

图 6-25 指定样本实体值的同义词

(34) 单击左侧导航栏中的 Intents 链接。

(35) 单击 Complaints.SearchByCompany 意图以查看该意图的话语。

(36) 将鼠标指针放在任意话语文本中的 x 上(这样就会在 x 两边加上中括号)，单击，选择 Company | Set as synonym，然后从弹出的菜单中选择一个随机的公司名称(见图 6-26)。

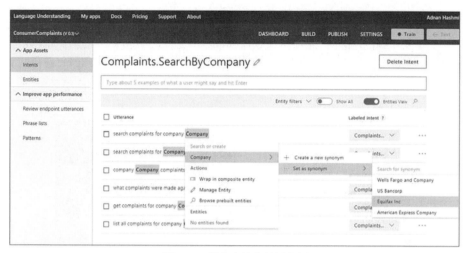

图 6-26 指定实体值的同义词

(37) 为 Complaints.SearchByCompany 意图下方所列的所有话语重复步骤(36)。

(38) 单击界面右上角的 Train 按钮。

完成之后，Train 按钮上的红色图标将变成绿色。

(39) 单击界面右上角的 Test 按钮以便显示 Test 面板。

(40) 在 Utterance 文本框中输入 wells fargo complaints 并且按 Enter 键。

LUIS 会将 Complaints.SearchByCompany 确认为所识别的意图，并且将公司名称作为实体(见图 6-27)。

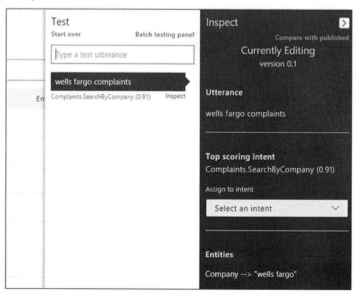

图 6-27 检测样本话语意图提取的 Test 面板

随着时间推移，我们必须重新训练模型以便识别更多公司名称及其同义词。

(41) 重复步骤(39)和(40)并且输入 get complaints for capital one 作为测试话语。

我们将注意到，尽管 LUIS 能够正确识别意图，但它无法提取实体。

(42) 在 Inspect 面板的 Assign to intent 下拉框中选择 Complaints.SearchByCompany(见图 6-28)。

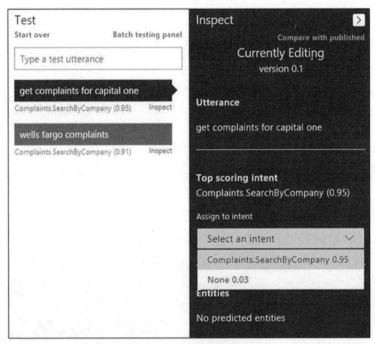

图 6-28　手动为话语指定意图

get complaints for capital one 这一测试话语将被添加到 Utterance 列表，并且没有任何标记的实体。

(43) 由于实体由多个单词(capital 和 one)构成，因此要在 Utterance 列表中将鼠标指针放在实体值的第一个单词上，单击(以显示弹出菜单)，然后将鼠标指针移动到实体值的另一个单词上并且单击。

现在整个实体值被中括号括起来。

(44) 选择弹出菜单中的 Company | Create a new synonym 以便添加公司名称作为 List Entity 的新值(见图 6-29)。

也可以在 Company 实体界面上看到新添加的值。

(45) 单击 Train 按钮以便使用新添加到 List Entity 类型的值来重新训练模型。

上面的一组处理步骤设置要提供的 Search 服务[步骤(10)到(18)]，以及使用 Visual Studio 中开发的自定义代码训练的 LUIS.ai 模型[步骤(21)到(45)]。

为了避免重复介绍本书之前介绍的所有步骤，我们要参考第 2 章"数据中心健康监测机器人"攻略中的步骤以及第 5 章的 5.1 节"从音频中提取意图"中的步骤。

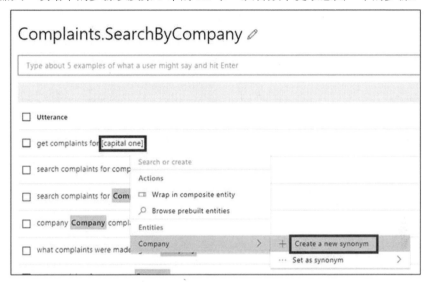

图 6-29 创建实体值的同义词

(46) 打开 Azure Portal，创建一个 Web App Bot 并且将其命名为 ComplaintsBot。下载该机器人服务的 Build 部分为 ComplaintsBot 所生成的源代码。

(47) 打开所下载的 ComplaintsBot Visual Studio 项目的 Web.config 文件并且添加以下配置设置：

```
<appSettings>
    <add key="LuisAppId" value="" />
    <add key="LuisAPIKey" value="" />
    <add key="LuisAPIHostName" value="" /
</appSettings>
```

(48) 为所添加的配置设置指定值。

(49) 在 appSettings 部分添加以下四个应用配置设置：

```
<add key="SearchServiceName" value="consumercomplaints" />
<add key="SearchIndexName" value="consumer-complaints-index" />
<add key="SearchServiceAdminApiKey" value="" />
<add key="SearchServiceQueryApiKey" value=" " />
```

这里会将步骤 (12) 和 (16) 中为 Search 服务和 Index 所指定的名称用作

SearchServiceName 和 SearchIndexName 的值。

(50) 在 Azure Portal 中导航到步骤(12)中所提供的 Search 服务，并且单击 Settings 下方的 Keys 链接以便查看 Primary 和 Secondary Admin keys。

复制其中一个密钥作为 Web.config 文件中 SearchServiceAdminKey 的值。

(51) 单击 Search 服务 Keys 页面上的 Manage query keys 链接以便查看 Query API 密钥。

将 Query API 密钥值复制粘贴为项目 Web.config 文件中 SearchServiceQueryApiKey 设置的值。

(52) 在 Visual Studio 2017 中，打开 Global.asax.cs 文件并且像这样修改 Application_ Start 方法：

```
// Code Listing
protected void Application_Start()
{
    GlobalConfiguration.Configure(WebApiConfig.Register);
}
```

由于我们没有使用任何存储来存储这一方案中的状态，因此我们实质上移除了指定数据存储设置的代码。

(53) 将一个新的类文件添加到项目，将其命名为 ConsumerComplaint.cs，并且添加如下代码：

```
namespace Microsoft.Bot.Sample.LuisBot
{
  public class ConsumerComplaint
  {
    public DateTime Date_received { get; set; }
    public string Product { get; set; }
    public string Sub_product { get; set; }
    public string Issue { get; set; }
    public string Sub_issue { get; set; }
    public string Consumer_complaint_narrative { get; set; }
    public string Company_public_response { get; set; }
    public string Company { get; set; }
    public string State { get; set; }
    public string ZIP_code { get; set; }
```

```
    public string Tags { get; set; }
    public string Consumer_consent_provided_ { get; set; }
    public string Submitted_via { get; set; }
    public DateTime Date_sent_to_company { get; set; }
    public string Company_response_to_consumer { get; set; }
    public string Timely_response_ { get; set; }
    public string Consumer_disputed_ { get; set; }
    public int Complaint_ID { get; set; }
  }
}
```

(54) 打开 BasicLuisDialog.cs 文件,并且在为所有意图自动生成的代码下方粘贴以下方法代码。

```
[LuisIntent("Complaints.SearchByCompany")]
public async Task SearchByCompanyIntent(IDialogContext context,
                                        LuisResult result)
{
}
```

处理用户搜索意图的代码将放在这个方法中。

(55) 使用 Nuget Package Manager,将 Microsoft.Azure.Search 包添加到项目中。

(56) 在 BasicLuisDialog.cs 文件顶部添加以下 using 语句:

```
using Microsoft.Azure.Search;
using Microsoft.Azure.Search.Models;
```

(57) 将以下代码添加到步骤(54)中所添加的 SearchByCompanyIntent 的桩模块中。(为了方便阅读,对代码进行了格式化。)

```
[LuisIntent("Complaints.SearchByCompany")]
public async Task SearchByCompanyIntent(IDialogContext context,
LuisResult result)
{
  // -------------------------------------------------------
  // Get Entity value extracted from Utterance
  // -------------------------------------------------------
  string entityValue = result.Entities[0].Entity;
```

```
// -----------------------------------------------------------
// Get Search Service Configuration Settings
// -----------------------------------------------------------
string searchServiceName =
  ConfigurationManager.AppSettings["SearchServiceName"].ToString();
string adminApiKey =
  ConfigurationManager.AppSettings["SearchServiceAdminApiKey"].ToString();
string queryApiKey =
  ConfigurationManager.AppSettings["SearchServiceQueryApiKey"].ToString();
string searchIndexName =
  ConfigurationManager.AppSettings["SearchIndexName"].ToString();
// -----------------------------------------------------------
// Initialize client objects to reference the Search Service, Index,
and Results
// -----------------------------------------------------------
SearchServiceClient serviceClient = new
SearchServiceClient(
                    searchServiceName,
                    new SearchCredentials
                    (adminApiKey)
                    );
ISearchIndexClient indexClient = new SearchIndexClient(
                    searchServiceName,
                    searchIndexName,
                    new SearchCredentials
                    (queryApiKey)
                    );
DocumentSearchResult<ConsumerComplaint> searchResults;
// -----------------------------------------------------------
// Specify fields to return from the search results
// -----------------------------------------------------------
SearchParameters parameters = new SearchParameters()
{
Select = new[] { "Company", "Product", "Issue" },
IncludeTotalResultCount = true
```

```
        };
        // ---------------------------------------------------------
        // Call the search service and pass the extracted entity value
        // ---------------------------------------------------------
        searchResults = indexClient.Documents.Search<Consumer
        Complaint>(
                        entityValue,
                        parameters
                        );
        // ---------------------------------------------------------
        // Format the returned results to display a response to the user
        // ---------------------------------------------------------
        const string strSummary = "I found {0} complaints for {1}.
        \nHere is a quick summary:{2}";
        long totalCount = searchResults.Count.GetValueOrDefault();
        string summary = "";
        if (totalCount > 0)
        foreach (SearchResult<ConsumerComplaint> complaint
        in searchResults.Results)
        summary += String.Format( "\n - {0} filed for {1}",
        complaint.Document.Issue,
                    complaint.Document.Product
        );
        string responseText = (totalCount > 0) ?
                        String.Format(strSummary,
                        totalCount.ToString(),
                        entityValue.ToUpper(),
                        summary) : "I cannot find
                        any complaints in the
                        system.";
        // ---------------------------------------------------------
        // Display the response
        // ---------------------------------------------------------
        await context.PostAsync(responseText);
}
```

(58) 单击工具栏中的 Run 图标以构建和运行该 Visual Studio 项目。

(59) 打开 Bot Emulator，输入一个话语，并且按 Enter 键。

将显示允许我们看到搜索结果的来自机器人的响应(见图 6-30)。

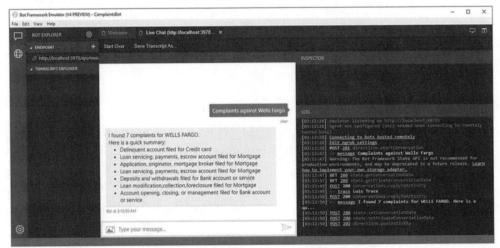

图 6-30 在 Bot Framework Emulator 中测试机器人

6.3 实现实体搜索

6.3.1 问题

命名实体识别或者在指定文本内容中找出实体通常都是一个具有挑战性的问题，因为口语中存在个人习惯差异。作为人类，我们可以由上下文轻易地区分出 apple(水果)和 Apple(苹果公司)，但是机器不行；因此，企业知识图谱中搜索查询的上下文相关实体连接对于学术界和企业而言都是非常有意义的一个领域。

如今的企业都必须处理大量的文本化数据，这些数据的承载形式包括，政府和行业报告、法务和合同文档、客户往来通信记录以及社交媒体源。为了获得关于企业品牌和产品的公众舆论、看法以及在线聊天信息的更深层见解，一个组织必须从外部和内部的大量数据源处摄入海量数据。由于所摄入的数据规模庞大，并且其中大部分可能并不适用于其使用场景或者上下文，因此企业需要一种方法来允许对文本内包含的命名实体进行搜索。

6.3.2 解决方案

在这个方案中，我们将使用 Bing 实体搜索来确定搜索查询中的快速且精确的命名实体识别，这有助于信息映射。这类能力的自定义构建需要分析搜索日志以及创建实体知识库。现代技术应用了来自特定领域知识图谱的基于概率的实体连接算法。使用 Bing 实体搜索，所有这类工作都会由其 API 来负责，我们也就可以快速开始进行处理。话虽如此，构建具有特定领域知识图谱的自定义模型仍旧可能为该特定领域提供较高的精确度和较高的价值。

6.3.3　运行机制

从高层概述上讲，开发实体搜索解决方案涉及以下步骤：

(1) 下载和安装 Node.js 的先决条件与依赖项。

(2) 创建代码桩模块，以便获取用户输入和显示消息。

(3) 获取 Cognitive Services API 密钥和端点，并且在代码中添加引用。

(4) 更新代码桩模块以便使用用户输入来调用 API 端点，然后显示结果。

1. 下载和安装 Node.js 的先决条件与依赖项

(1) 访问 https://nodejs.org 的 Node.js 网站并且下载对应于我们所使用的操作系统平台的安装包。

(2) 执行所下载的包并且在安装向导中指定安装偏好。

(3) 创建一个名称为 BingEntity 或其他任意名称的新目录，在我们惯于使用的编辑器中打开它。本方案将使用 Microsoft Visual Studio Code。

(4) 使用 Ctrl＋~快捷键打开终端，并且输入以下命令以便初始化项目和安装依赖项。在这个方案中我们要使用 axios 和 readline 库。这两个库的描述如下：

```
npm init -y
npm install axios
```

axios 让 HTTP 请求更容易。

readline 是一个读取流的内置模块，每次读取一行。

我们将用它读取用户输入。

2. 创建代码桩模块以便获取用户输入和显示消息

(5) 创建一个名称为 index.js 的新文件并且写入以下代码行以便包含依赖项：

```
const axios = require('axios');
const readline = require('readline');
```

(6) 添加以下代码行以便使用 readline 模块创建一个接口：

```
const rl = readline.createInterface({
  input: process.stdin,
  output: process.stdout
});
```

(7) 现在，添加以下代码行以便向用户打印消息并且显示其输入：

```
rl.question('Enter a search term: ', (answer) => {
  console.log('Search term entered: ${answer}');
  rl.close();
});
```

这样就会在控制台打印出文本，等待用户输入回答，然后将该回答显示给用户。要测试目前这个应用程序，可以在控制台中运行 node index(见图 6-31)。

```
$ node index
Enter a search term: Karachi
Search term entered: Karachi
```

图 6-31　代码桩模块执行结果

3. 获取 Cognitive Services API 密钥和端点，并且在代码中添加引用

(8) 在继续下一步之前，我们需要获取 Bing Entity Search API 密钥。访问以下 URL 处的 Cognitive Services 站点：

```
https://azure.microsoft.com/en-us/try/cognitiveservices/
```

如果需要，则创建一个账号，这样就会得到为期七天的免费密钥。

(9) 现在我们已经有了 API 密钥，可以在 index.js 文件中添加以下代码行：

```
const subscriptionKey = '<Your API Key>';
const endpoint = 'https://api.cognitive.microsoft.com/
bing/v7.0/entities';
const market = 'en-US';
```

在上面的代码清单中：
- subscriptionKey 就是 API 密钥。
- endpoint 是 Bing Entity Search API 的地址。
- market 就是要为之获取最佳结果的市场。

可以在以下 URL 处找到可用的市场编码列表：

https://docs.microsoft.com/en-us/rest/api/cognitiveservices/bing-
entities-api-v7-reference#marketcodes

(10) 更新该代码桩模块，以便使用用户输入来调用 API 端点，并且显示结果。
现在，将这段代码：

```
console.log('Search term entered: ${answer}');
```

替换为这段：

```
console.log('Searching for: ${answer}');
const params = '?mkt=' + market + '&q=' + encodeURI(answer);

axios({
  method: 'get',
  url: endpoint + params,
  headers: { 'Ocp-Apim-Subscription-Key': subscriptionKey },
})
.then(response => {
  response.data.places.value.forEach(place => {
    if(place._type === 'Restaurant'){
      console.log('
        Name: ${place.name}
        Location: ${place.address.addressLocality}, ${place.
        address.addressRegion}, ${place.address.postalCode}
        Telephone: ${place.telephone}
      ')
    }
  });
})
.catch(err => {
console.log('ERROR');
})
rl.close();
```

这里是该段代码的说明：

● 参数都是在参数变量中创建和存储的。

● Axios 配置使用头信息中的密钥来发送 GET 请求。

● 在接收到响应时，代码将循环遍历该响应，筛选出餐厅，并且打印其名称、地址和电话号码。

(11) 到此我们的应用程序就准备好了。可以在控制台中输入 node index 运行该代码，然后尝试进行搜索(见图 6-32)。

```
$ node index
Enter search term: halal foods near 33617
Searching for: halal foods near 33617


      Name: Petra Restaurant
      Location: Tampa, FL, 33617
      Telephone: (813) 984-9800


      Name: Rana Halal Meat & Deli
      Location: Tampa, FL, 33612
      Telephone: (813) 972-1550
```

图 6-32　实体搜索程序输出

6.4　获取论文摘要

6.4.1　问题

来自权威性、同行评审过的源的研究论文中隐藏着巨大的知识宝库，它们正等待我们去探究和利用。不过，要找出企业搜索上下文中的正确信息是比较困难的。我们要如何找出合适的推荐论文？最好是具有与我们手头上组织问题相关的一些要点或导语的论文。

6.4.2　解决方案

手动构建一个出版物知识库并且通过这个数据集和第三方出版商提供的 API 进行搜索的做法，并不是一项简单的任务。在可以提供有意义的结果之前，我们要应对付费体系以及各种不同格式的处理事宜。幸运的是，Bing academic API 可以提供帮助。本方案将介绍使用 Bing academic API 进行搜索并且从学术资源中返回具有相关性的主题。这个方案使用了 Microsoft Academic Graph 的其中一个 API 来揭示其便利性，我们只要输入研究论文的标题就可以得到该论文的摘要。

6.4.3　运行机制

从高层概述上讲，开发该解决方案涉及以下步骤：

(1) 下载和安装 Node.js 的先决条件与依赖项。

(2) 从 Cognitive Services Labs 网站获取 Microsoft Academic Graph API 密钥。

(3) 编写代码以便调用 API 端点和显示结果。

1. 下载和安装 Node.js 的先决条件与依赖项

(1) 访问 https://nodejs.org 的 Node.js 网站并且下载对应于我们所使用的操作系统平台的安装包。

(2) 执行所下载的包并且在安装向导中指定安装偏好。

(3) 创建一个名称为 AcademicGraph(或想要使用的其他任意名称)的新文件夹，并且在 Visual Studio Code(或其他任何编辑器)中打开这个文件夹。

(4) 使用 Ctrl + ～ 快捷键打开终端，并且输入以下命令以便初始化项目和安装 axios：

```
npm init -y
npm install axios
```

axios 使 HTTP 请求更容易。我们要使用它执行对 API 的 HTTP 请求。

readline 是一个读取流的内置模块，每次读取一行。

我们将用它读取用户输入。

2. 从 Cognitive Services Labs 网站获取 Microsoft Academic Graph API 密钥

(5) 在开始编码之前，我们需要获取用于 Microsoft Academic Graph 的 API 密钥。访问以下链接并且单击 Subscribe 按钮：

```
https://labs.cognitive.microsoft.com/en-us/project-academic-knowledge
```

(6) 使用任意一个可用选项进行注册。

(7) 随后该网站会要求授权。如果同意其条款，则单击 Yes 按钮继续。

(8) 登录之后(注册完成后自动登录)，将出现 API 的密钥(见图 6-33)。

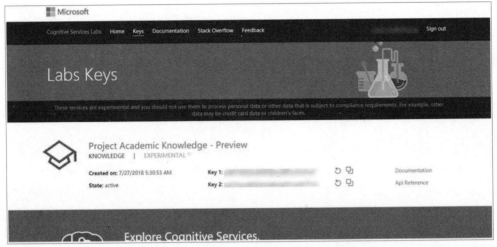

图 6-33　所列示的 Academic Graph API 密钥

(9) 创建一个名称为 index.js(或其他任意名称)的新文件，并且添加以下代码行以便包含依赖项：

```
const axios = require('axios');
const readline = require('readline');
```

(10) 添加以下代码行以便定义将存储一些常量的变量：

```
const subscriptionKey = '<Your API Key>';
const endpoint = 'https://api.labs.cognitive.microsoft.com/
academic/v1.0/evaluate';
```

将<Your API Key>替换成我们的 API 密钥。

(11) 添加以下代码行以便创建一个使用 readline 获取用户输入的接口：

```
const rl = readline.createInterface({
  input: process.stdin,
  output: process.stdout
});
```

(12) 将以下代码行添加到该文件：

```
rl.question('Enter something to search: ', (answer) => {
  console.log(`Searching...`);
  const params = `?expr=Ti='${answer}'&attributes=Ti,E`;
```

```
    axios({
      method: 'get',
      url: endpoint + params,
      headers: { 'Ocp-Apim-Subscription-Key': subscriptionKey },
    })
      .then(response => {
    if(response.data.entities.length === 0) return console.log('No
results.');
        console.log(JSON.parse(response.data.entities[0].E).
        IA.InvertedIndex);
      })
      .catch(err => {
      console.log('ERROR', err);
      })
    rl.close();
  });
```

这段代码中重要的部分如下：

- 我们所创建的这个接口将在控制台中打印一个问题并且等待用户输入其回答。
- 用户输入了一些内容之后，它将在控制台中打印 Searching...。
- 创建参数。我们使用了标题(Ti)进行搜索，并且我们希望结果中包含标题和扩展元数据(Ti 和 E)。
- 使用 axios 进行 API 调用。
- 如果 API 调用成功但没有任何结果，则会打印 No results。
- 如果有结果，则会打印 InvertedIndex。
- 如果执行 API 请求时存在错误，则会将该错误打印到控制台。
- 只要用户完成了文本输入，就会关闭该接口。

(13) 在控制台中运行 node index 并且输入下面这个标题以便运行这个应用(见图 6-34)：

```
personalizing search via automated analysis of interests and activities
```

这对于人类而言并不友好。我们要对代码进行修改以便从中构造出文本的摘要版本。

```
$ node index
Enter something to search: personalizing search via automated analysis of interests and activities
Searching...
{ We: [ 0, 66, 138 ],
  formulate: [ 1 ],
  and: [ 2, 83, 88, 97, 103, 114, 130 ],
  study: [ 3 ],
  search: [ 4, 59 ],
  algorithms: [ 5, 134, 143 ],
  that: [ 6, 20, 32, 44, 108, 122, 140 ],
  consider: [ 7 ],
  a: [ 8, 13, 62 ],
  'user\'s': [ 9, 21, 50 ],
```

图 6-34 程序输出

(14) 在该文件底部添加以下代码行：

```
function constructAbstract(InvertedAbstract) {
  const abstract = [];
  for (word of Object.entries(InvertedAbstract)) {
    word[1].forEach(index => {
      abstract[index] = word[0];
    });
  }
  console.log(abstract.join(' '));
}
```

这样就能创建一个新函数，它会接收反向摘要作为参数，循环遍历它，并且创建另一个具有按顺序排列的单词的数组。

然后，该函数将连接该数组以便创建摘要的字符串版本并且将其打印到控制台。

(15) 现在，用这行代码替换第 22 行的代码以便调用这个函数：

```
constructAbstract(JSON.parse(response.data.entities[0].E).IA.
InvertedIndex);
```

(16) 现在，再次运行该代码。应该会出现如图 6-35 所示输出的摘要。

```
Enter something to search: personalizing search via automated analysis of interests and activities
Searching...
We formulate and study search algorithms that consider a user's prior interactions with a wide variety of content to personalize that user's cur
rent Web search. Rather than relying on the unrealistic assumption that people will precisely specify their intent when searching, we pursue tec
hniques that leverage implicit information about the user's interests. This information is used to re-rank Web search results within a relevance
feedback framework. We explore rich models of user interests, built from both search-related information, such as previously issued queries and
previously visited Web pages, and other information about the user such as documents and email the user has read and created. Our research sugg
ests that rich representations of the user and the corpus are important for personalization, but that it is possible to approximate these repres
entations and provide efficient client-side algorithms for personalizing search. We show that such personalization algorithms can significantly
improve on current Web search.
```

图 6-35 控制台输出所显示的摘要

6.5　在文本分析中识别连接实体

6.5.1　问题

机器学习的其中一个麻烦问题就是识别出文本中出现的实体标识。这一处理过程需要提供一个连接了所识别实体的知识库。在企业环境中，在处理了大型文本数据语料库并且提取了实体之后，得出额外见解的下一个逻辑步骤就是连接相关实体。这样就能得到每一个被确认为与其他命名实体相关的已提取命名实体的更为详尽的视图。此外，与其他连接命名实体一起频繁出现的某些连接命名实体有助于识别一段时间内的规律。例如，如果某个会计师事务所的名称反复与正接受虚假会计处理调查的(连接到的)上市公司一起出现，则可以推断，该会计师事务所的职业道德标准需要被重新评估和/或调查。

6.5.2　解决方案

Text Analytics API 是 Microsoft Cognitive Services 的一部分，它提供了一个简单的解决方案用于连接实体，而不必实现和维护一个包含连接实体名称以便从中确认和识别出关系的巨大数据库。

6.5.3　运行机制

(1) 我们首先需要的就是数据(文本)。这份文档使用了来自下面这一数据集的文本。不过，也可以使用其中的任何文本：

```
https://github.com/philipperemy/financial-news-dataset
```

(2) 我们需要 Text Analytics API 密钥来请求 API 端点。可以使用这个链接获取免费的 API 密钥：

```
https://azure.microsoft.com/en-us/try/cognitive-services/
```

(3) 我们将使用 Postman 请求 API。从这个链接下载和安装 Postman：

```
https://www.getpostman.com/
```

(4) 打开 Postman，从方法列表中选择 POST，在文本框中粘贴 API 端点，并且打开 Headers 标签页。然后，在 Headers 中输入以下键/值对(见图 6-36)：

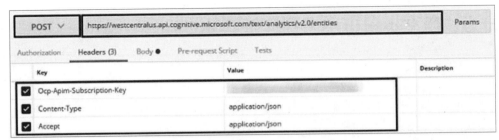

图 6-36　Postman 中显示的 HTTP 头信息

- Ocp-Apim-Subscription-Key：<Your API Key>
- Content-Type：application/json
- Accept：application/json

(5) 现在，打开 Body 标签页，选择 raw，并且添加你的文档。文档格式必须像下面这样(见图 6-37)：

```
{
  "documents":[
    {
      "id":"1",
      "language":"en",
      "text": "Text"
    }
  ]
}
```

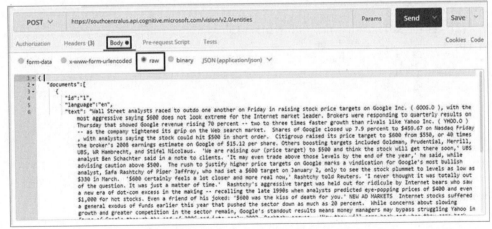

图 6-37　Postman 中的原始 JSON

(6) 现在，单击 Send 按钮以便发送该 POST 请求。

图 6-38 显示出，该 API 能够识别实体并且提供了指向维基百科 URL 的链接。

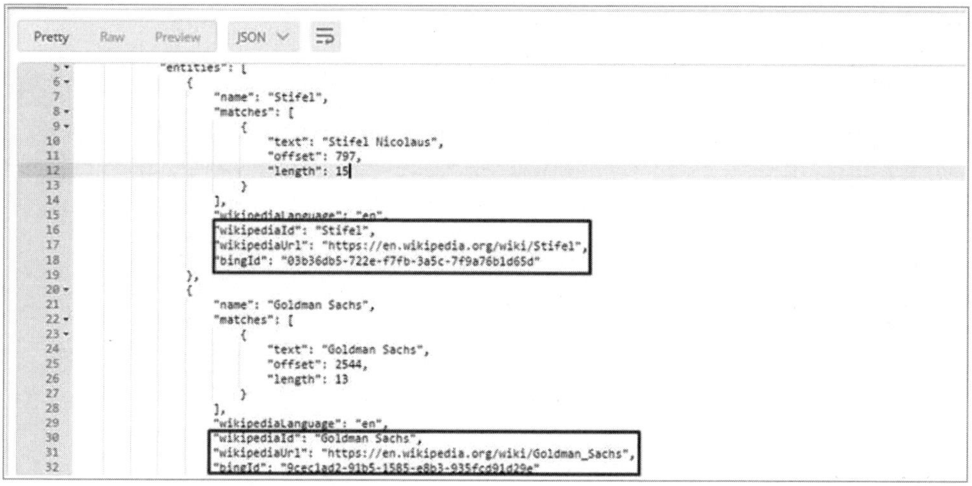

图 6-38　Postman 中的 JSON 结果

6.6　应用认知型搜索

6.6.1　问题

认知型搜索就是基于结构化和非结构化数据执行自然语言样式搜索的能力。如果有一个新闻报道的语料库，我们如何才能快速对 Daily Mail(每日邮报)语料库应用认知型搜索？

6.6.2　解决方案

Azure Cognitive Search 提供了这类搜索的完美解决方案。在这个方案中，我们将看到如何快速地应用 Azure Search 对诸如 CNN/ Daily Mail 数据集的大型文本语料库执行认知型搜索。

设置 Azure Search

(1) 使用我们的账户凭据登录 Azure Portal 并且单击 Create a resource。

(2) 搜索 Azure Search 并且单击它(见图 6-39)。

(3) 单击 Create 按钮。

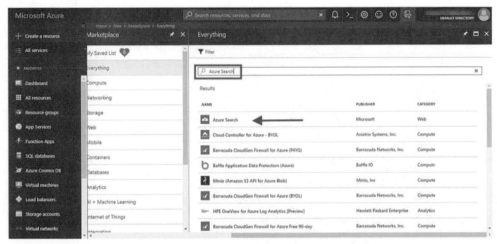

图 6-39　在 Azure Portal 中创建一个 Azure Search 实例

(4) 输入所需的详细信息(见图 6-40)：

● 可以用于访问该服务的 URL。

● 在 Location 中，选择 South Central US 或 West Europe，因为这个服务仅可用于这两个地区。

● 如果需要，则执行 Pin to dashboard(固定到仪表盘)操作。

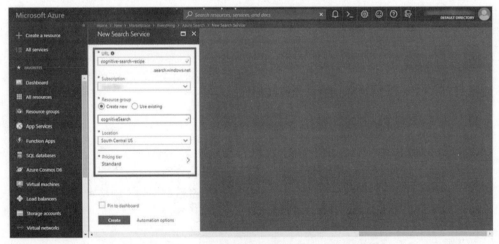

图 6-40　Azure Portal 中的 New Search Service 界面

(5) 单击 Pricing tier 以选择一个定价计划(见图 6-41)。

(6) 单击 Create 按钮以便继续。

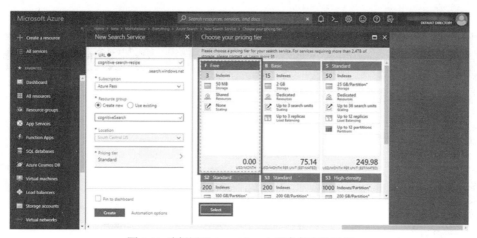

图 6-41　选择用于 Azure Search 服务的定价层级

6.6.3　创建一个存储

(7)　一旦部署成功之后，单击 Storage Accounts。

(8)　单击 Add 按钮以便创建一个存储账户。

(9)　为存储账户输入一个名称并且选择之前创建的资源组。然后，单击 Create 按钮以便创建该存储(见图 6-42)。

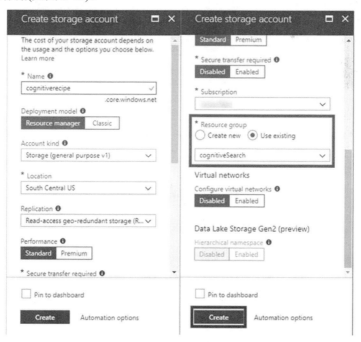

图 6-42　Create storage account 界面

(10) 创建了存储账户之后，单击 Blobs(见图 6-43)。

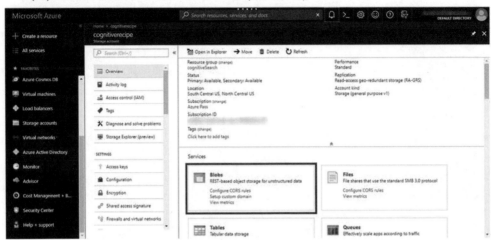

图 6-43　用于资源组的 Blobs 链接

(11) 单击 Container 按钮以便创建一个新容器，输入名称，并且单击 OK 按钮(见图 6-44)。

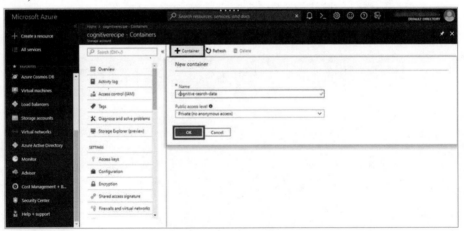

图 6-44　Storage Account 的 Containers 界面

单击该容器以便访问它。

6.6.4　上传数据集

(12) 在进一步处理之前，我们必须下载一个数据集。使用以下链接获取数据集：

https://github.com/JafferWilson/Process-Data-of-CNN-DailyMail

将该数据集(92 579 个文件)提取到计算机上。上传这么大量的文件并不方便。因此，我们仅使用其中 500 个报道(也可以使用更多报道；参见图 6-45)。

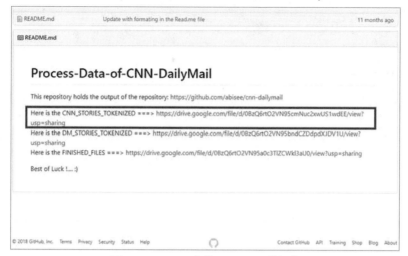

图 6-45　GitHub 上的 Daily Mail 数据集

(13) 单击 Upload 按钮开始上传文件(每次上传 50 个)。

如果需要，也可以安装 Storage Explorer 以便使用安装后的客户端应用程序进行上传：

```
https://azure.microsoft.com/en-us/features/storage-explorer/
```

1. 创建丰富化管道

(14) 上传了所有文件之后，打开 Search 服务并且单击 Import data(见图 6-46)。

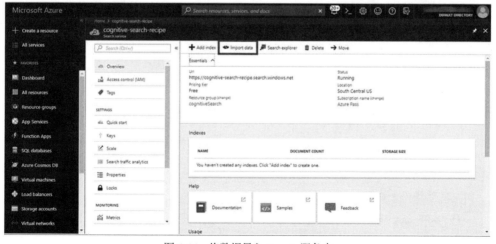

图 6-46　将数据导入 Search 服务中

(15) 单击 Data Source，然后单击 Azure Blob Storage，之后输入一个名称。
单击 Storage container(见图 6-47)。

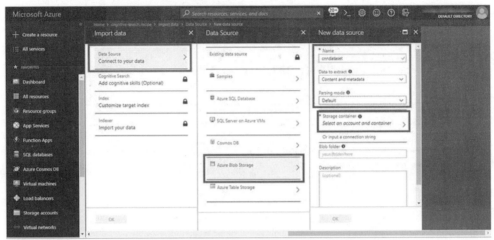

图 6-47 指定要爬取的数据源

(16) 选择之前创建的容器(见图 6-48)。

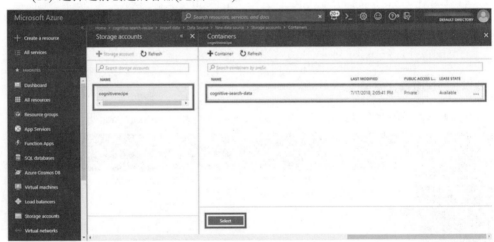

图 6-48 指定存储账户和要爬取的容器

(17) 输入技能集名称，启用 OCR and merge all text，并且选择想要使用的技能。最后，单击 OK 按钮(见图 6-49)。

(18) 保留 Index 界面上的所有默认设置(见图 6-50)。

(19) 输入索引名称并且单击 OK 按钮。索引处理将立即启动(见图 6-51)。

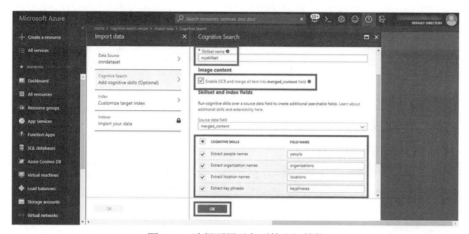

图 6-49　选择要用于各列的认知技能

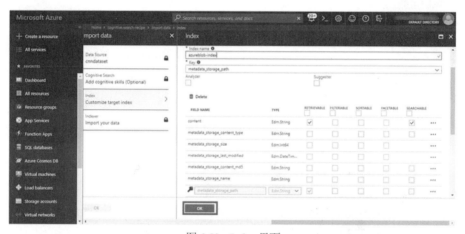

图 6-50　Index 界面

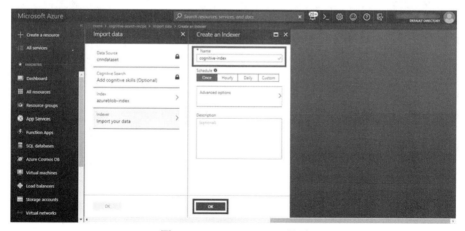

图 6-51　Create an Indexer 界面

提示：

该索引器不能索引所有文档，因为执行时长被限制为十分钟。其执行将失败，但我们可以使用索引过的文档。

2. 搜索

(20) 打开 Search 服务，我们将看到索引过的文档数量。

单击 Search explorer 进行搜索(见图 6-52)。

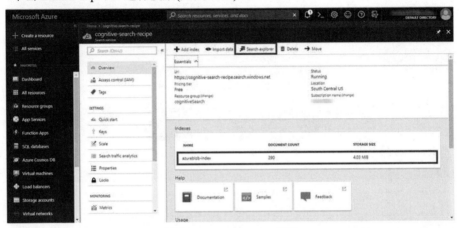

图 6-52　Search service 界面

(21) 在 Query string 文本框中输入一个搜索词，并且单击 Search 按钮(见图 6-53)。

我们将看到搜索结果以及人和组织的名称(见图 6-54)。

图 6-53　Search explorer 界面

图 6-54　显示为 JSON 的搜索结果

第 7 章

AIOps：运维中的预测分析与机器学习

"到 2022 年，40%的大型企业都将结合使用大数据和机器学习能力以便支持和部分替代监控、服务支持台和自动化流程处理与任务，而现今这一比例不到 5%。"

——Gartner Report(嘉特纳研究报告)：AIOps 平台市场指南

"用于 IT 运维领域的机器学习……分析数据的方法类——从数据中进行迭代式学习——以及实时和规模化地找出隐藏见解而不必明确指出在何处进行查找……造就 AIOps 的正是我们所经历过的场景，其中我们能够先验性地预见任务处理将如何出错以及出错时将发生什么……[我们]需要的不仅仅是构建手动搜索故障条件的规则，而是开始使用获取到的数据来定义用于定位故障条件的逻辑。我们所谈论的 AIOps，实际上就是启用了几乎一套完整的机器学习、数据科学和 AI 技术的运维体系。"

——Philip Tee，CEO Moogsoft Inc.

"对于我们而言，AIOps 就是一个解决方案，它可以响应真正关键的事件，而不是响应来自监控工具的数千个事件。"

——Rüdiger Schmid，IT 管理、诊断&车联网数据，Daimler AG

如今的运维领域要比从前更为复杂。IT Ops 团队必须付出艰辛的努力才能管理现代 IT 系统所生成的海量数据。我们期望他们能够处理比以往更多的事件，并且要确保更短的服务水平协议(SLA)，更快速地响应这些事件，并且提升关键指标，比如平均检测时间(MTTD)、平均故障时间(MTTF)、平均故障间隔时间(MTBF)，以及平均修复时间(MTTR)。这并非是因为缺少工具。Digital Enterprise Journal 的研究表明，41%的企业使用了十个或更多工具用于 IT 性能监控，并且当公司在每次故障损失 560 万美元巨资并且 MTTR 平均为 4.2 小时以及浪费了宝贵资源的时候，宕机的时间成本将非常昂贵。使用多重混合云、多租户环境时，组织甚至需要更多的工具来管理多个方面的问题，比如容量规划、资源利用、存储管理、异常检测，以及威胁侦测和分析等。

　　显然，为了关联分布在各种 IT 领域中的数百万个数据点并且分析该数据以便检测规律和进行信息可视化，从而让运维团队可以实时看到其系统，我们需要使用 AI 和机器学习能力。用于 IT 运维的人工智能(Artificial intelligence for IT operations，AIOps)已成为应对日益增长的 IT 复杂性的一种解决方案。这一新兴的 AIOps 领域的目标是自动化、相关分析、可视化、自动发现以及数据获取，以便支持如今的运维需求。

　　Forrester 是一家位于美国马萨诸塞州剑桥城的业内领先的市场研究公司，该公司发布了一份供应商侧认知型运维研究报告，其中对 AIOps 做了这样的定义，"AIOps 主要关注应用机器学习算法来创建自学习且有可能自恢复的应用程序和基础设施。分析，尤其是预测式分析的关键在于，要清楚我们追寻的见解是什么。"该章将探讨一些展示 AIOps 优势的方案，比如事件覆盖和相关分析、异常分析和检测、新的相关分析和新的监控策略、识别服务之间的依赖关系，以及加速根源分析。

　　公平地讲，要在该章中全面介绍用于 AIOps 的各种机器学习能力几乎是不可能的。对于异常检测、动态阈值、事件聚类和预测而言，其内容面非常广，要介绍它们可能需要每个主题一章才行。本章的目的是展示关键概念的价值和可操作性，比如实时调整阈值；检测和突出趋势以及对异常行为进行告警；阻止服务降级；事件优先级；异常活动自动触发的告警的自恢复；在出现故障和异常之前对其进行预测；以及提供事件响应器，该响应器要能够让各个 IT 竖井知晓，我们的服务没有受到影响。

7.1　使用 Grakn 构建知识图谱

　　知识图谱在现代知识管理和信息检索应用程序中无处不在，这些应用包括搜索应用程序和知识库。知识图谱是一种数据结构，通常是一种有向无环图，其中的节点和边线表明了实体之间的关系。在真实的应用程序中，这有助于合并包含大量文本和非结构化数据的文档。

　　在 AIOps 使用场景中，这适用于服务工单数据、应用遥测记录、日志以及其他相关信息，这些信息可用于创建词嵌入，其中词之间的距离表示词之间的关系。这些词可以是应用或服务名称、进程标识符，或者其他有助于关联和建立各种数据源之间有意义关系的实体。

7.1.1　问题

　　如何使用可以关联元素的 Grakn 构建一个知识图谱？

7.1.2　解决方案

Grakn 是一个开源智能数据库。更准确地说，它是一个知识图谱系统，可用于复杂数据之间的现代关系。知识图谱用于将数据转换成信息，然后将信息转换成知识。对于高效探究大型数据集和构建基于 AI 的应用而言，Grakn 都是理想的工具。

在这个示例中，我们要使用 MySQL World 数据库。该数据库描述了世界各地的统计指标以及相关信息，比如城市、人口、国家元首等。不过这些数据已经有点过时了。

我们先解释两个关于知识图谱的关键概念：分类法和本体论。分类法就是将知识组织为一种层级分类系统的方法。它可以被定义为一棵树，这棵树从一个通用的根源概念开始，并且可以逐步将其划分成更具体的子概念。分类系统的每一个节点都表示一个概念，并且有一条边会将根节点直连到叶子节点。

分类系统表示的是具有 is-a 关系的主题的集合，而本体论则是更为复杂的分类法。本体论用于表述对象与关系，比如 has-a 和 use-a 等。

7.1.3　运行机制

现在我们开始进行构建。

1. 获取一台虚拟机

(1) 从这个链接处获取一台 DSVM Test Drive 机：

```
https://azure.microsoft.com/en-us/services/virtual-machines/data-
science-virtual-machines/
```

选择 Data Science Virtual Machine for Linux (Ubuntu)，然后选择 TEST DRIVE(见图 7-1)。

(2) 获得凭据之后，使用 SSH 连接到该服务器。

2. 安装 MySQL

我们需要安装用于 GRAKN 的 MySQL 数据库(见图 7-2)。

(1) 运行以下命令安装 MySQL 数据库：

```
sudo apt-get update
sudo apt-get install mysql-server
```

Apps > Data Science Virtual Machine for Linux (Ubuntu) > Test Drive

Test Drive
Data Science Virtual Machine for Linux (Ubuntu)
by Microsoft

Your Test Drive is ready (7 hours 53 minutes remaining)

Your test drive is available. Access your server at

▒▒▒▒▒▒▒▒▒▒▒▒▒▒▒.cloudapp.azure.com with username dsvm and password

▒▒▒▒▒▒▒▒.

You can login to the test drive VM with an SSH client, like PuTTY or X2Go. X2Go uses XFCE as the desktop environment.

Test Drive details

The Linux Data Science Virtual Machine is a custom Azure virtual machine image purposely built for data science. It contains many of the popular data science tools pre-installed and pre-configured to jump-start advanced analytics. It also has several Azure tools and libraries installed to allow working with various Azure data and analytics products in the cloud. This virtual machine improves data scientist productivity and enables users to try our products, run analytics modeling workloads, and replace their analytics desktop with a cloud-hosted data-science machine for a significant part of their work.

Documentation

Test Drive User Manual

图 7-1　Data Science Virtual Machine for Linux (Ubuntu)

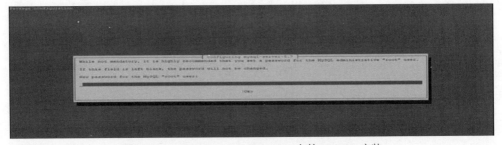

图 7-2　Data Science Virtual Machine 上的 MySQL 安装

在提示时选择一个密码。

(2) 运行以下命令启动 MySQL：

```
systemctl start mysql
```

3. 获取示例数据库

正如之前所探讨的，出于展示目的将使用一个示例 MySQL 数据库 World，该数据库描述了与世界各地的统计指标有关的信息和特征。

(1) 使用这个命令下载该文件并且解压它：

```
wget -O world.zip http://downloads.mysql.com/docs/world.sql.zip
unzip world.zip
```

(2) 运行以下命令将数据加载到 MySQL 数据库：

```
 mysql -u root -p <your password>
```

该命令将打开 MySQL shell；运行这个命令以加载数据：

```
SOURCE ./world.sql;
exit;
```

4. 安装 GRAKN

GRAKN 需要 Java 8，不过 DSVM 中已经安装好了。可以使用这个命令下载 Java：

```
sudo apt-get install openjdk-8-jre
```

(1) 运行这个命令下载 GRAKN 并且解压它：

```
 wget -O grakn.zip https://github.com/graknlabs/grakn/releases/
download/v1.3.0/grakn-dist-1.3.0.zip

unzip grakn.zip
```

(2) 使用这个命令启动 GRAKN(见图 7-3)：

```
./grakn-dist-1.3.0/grakn server start
```

图 7-3　GRAKN 服务器启动

(3) 打开 nano 编辑器并且复制粘贴以下文本，以便创建该数据的某些字段的本体。正如之前所定义的，这里的本体定义了国家及其子元素之间的关系。

```
define

country sub entity
  has countrycode
  has name
  has surfacearea
  has indepyear
  has population
  has lifeexpectancy
  has gnp
  has gnpold
  has localname
  has governmentform
  has headofstate
  plays speaks-language
  plays contains-city;

city sub entity
  has population
  has name
  plays in-country;

language sub entity
  has name
  plays language-spoken;

name sub attribute datatype string;
countrycode sub attribute datatype string;
surfacearea sub attribute datatype double;
indepyear sub attribute datatype long;
population sub attribute datatype long;
lifeexpectancy sub attribute datatype double;
gnp sub attribute datatype double;
gnpold sub attribute datatype double;
```

```
localname sub attribute datatype string;
governmentform sub attribute datatype string;
headofstate sub attribute datatype string;
iscapital sub attribute datatype boolean;
isofficial sub attribute datatype boolean;
percentage sub attribute datatype double;

speaks sub relationship
  relates speaks-language
  relates language-spoken
  has percentage
  has isofficial;
has-city sub relationship
  relates contains-city
  relates in-country
  has iscapital;

speaks-language sub role;
language-spoken sub role;
contains-city sub role;
in-country sub role;
```

然后，按下 Ctrl＋O 快捷键保存该文件。将其命名为 ontology. gql 或其他名称。
按下 Ctrl＋X 快捷键退出。

(4) 现在，使用这个命令加载该本体：

```
./grakn-dist-1.3.0/graql console --file ./ontology.gql
```

打开所用的浏览器并且访问以下 URL：

```
<IP or domain name of your server>:4567
```

我们将看到 GRAKN 的网页。在 Graph 标签页中，从 Types 列表中选择 All 以便可
视化该本体(见图 7-4)。

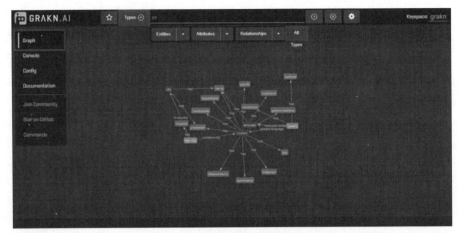

图 7-4　GRAKN 中的本体图谱可视化

5. 创建用于数据迁移的模板

要将 MySQL 的数据迁移到 GRAKN，我们需要创建模板。

(1) 使用这个命令创建一个新目录并且加载模板：

```
mkdir templates
cd templates
```

(2) 首先处理国家模板：

```
nano ./countries.gql
```

复制和粘贴这个模板；使用 Ctrl + O 快捷键进行保存并且使用 Ctrl + X 快捷键退出。

```
insert $country isa country
  has name <Name>
  has countrycode <Code>
  if(<IndepYear> != null) do { has indepyear <IndepYear> }
  if(<Population> != null) do { has population <Population> }
  if(<LifeExpectancy> != null) do { has lifeexpectancy
<LifeExpectancy> }
  if(<GNP> != null) do { has gnp <GNP> }
  if(<GNPold> != null) do { has gnpold <GNPold> }
  if(<LocalName> != null) do { has localname <LocalName> }
  if(<GovernmentForm> != null) do { has governmentform
<GovernmentForm> }
```

```
if(<HeadOfState> != null) do { has headofstate <HeadOfState> };
```

(3) 接下来，处理语言模板：

```
nano ./languages.gql
```

复制和粘贴这个模板；使用 Ctrl＋O 快捷键进行保存，并且使用 Ctrl＋X 快捷键退出。

```
insert $language isa language has name <language>;
```

(4) 现在要处理国家和语言之间关系的模板：

```
nano ./relation-countries-languages.gql
```

复制和粘贴这个模板；使用Ctrl＋O快捷键进行保存，并且使用Ctrl＋X快捷键退出。

```
match
  $language isa language has name <Language>;
  $country isa country has countrycode <CountryCode>;
insert
  $relation (speaks-language: $country, language-spoken:
  $language) isa speaks
  has isofficial if(<IsOfficial> = "F") do { false } else { true }
  has percentage <Percentage>;
```

(5) 还有城市模板：

```
nano ./cities.gql
```

复制和粘贴这个模板；使用 Ctrl＋O 快捷键进行保存，并且使用 Ctrl＋X 快捷键退出。

```
match
  $country isa country has countrycode <CountryCode>;
insert
  $city isa city
  has name <Name>
  has population <Population>;
  (contains-city: $country, in-country: $city) isa has-city;
```

(6) 最后，还有一个判定城市是否是首都的模板：

```
nano ./is-capital-city.gql
```

复制和粘贴这个模板；使用 Ctrl＋O 快捷键进行保存，并且使用 Ctrl＋X 快捷键退出。

```
if(<capital> != null) do {
match
  $country isa country has countrycode <code>;
  $city isa city has name <capital>;
  $rel (in-country: $country, contains-city: $city) isa has-city;
insert
  $rel has iscapital true;}
```

(7) 现在运行这个命令回到主目录：

```
cd ..
```

6. 获取 JDBC 驱动

在开始迁移数据之前，还必须下载用于 MySQL 的 JDBC 驱动。运行这些命令下载该 JDBC 驱动并且将其移动到 GRAKN 库所在的目录：

```
wget -O jdbc.zip https://cdn.mysql.com//Downloads/Connector-J/
mysql-connector-java-8.0.12.zip
unzip jdbc
mv ./mysql-connector-java-8.0.12/mysql-connector-java-8.0.12.jar
./grakn-dist-1.3.0/services/lib/
```

7. 将数据迁移到 GRAKN

GRAKN 具有迁移数据的内置脚本。运行这些脚本来迁移数据。

- 国家：

```
./grakn-dist-1.3.0/graql migrate sql -q "SELECT *
FROM country;" -location jdbc:mysql://localhost:3306/
world -user root -pass <password> -t ./templates/countries.gql -k grakn
```

- 语言：

```
./grakn-dist-1.3.0/graql migrate sql -q "SELECT
DISTINCT language FROM countrylanguage;" -location
jdbc:mysql://localhost:3306/world -user root -pass
<password> -t ./templates/languages.gql -k grakn
```

● 国家和语言之间的关系：

```
./grakn-dist-1.3.0/graql migrate sql -q "SELECT
* FROM countrylanguage;" -location jdbc:mysql://
localhost:3306/world -user root -pass <password> -t
./templates/relation-countries-languages.gql -k grakn
```

● 城市：

```
./grakn-dist-1.3.0/graql migrate sql -q "SELECT *
FROM city;" -location jdbc:mysql://localhost:3306/
world -user root -pass <password> -t ./templates/cities.gql -k grakn
```

● 判定城市是否是首都：

```
./grakn-dist-1.3.0/graql migrate sql -q "SELECT
code, capital FROM country;" -location jdbc:mysql://
localhost:3306/world -user root -pass <password> -t
./templates/is-capital-city.gql -k grakn
```

8. 开始测试

打开<server ip or domain name>:4567 以便打开 GRAKN Web 界面，并且在控制台中输入以下查询：

```
match $x isa city, has name "Toronto"; offset 0; limit 30; get;
```

该查询将返回名称为 Toronto 的城市(见图 7-5)。

图 7-5　GRAKN 网页中显示的查询结果

双击城市，将返回该城市归属的国家(见图 7-6)。

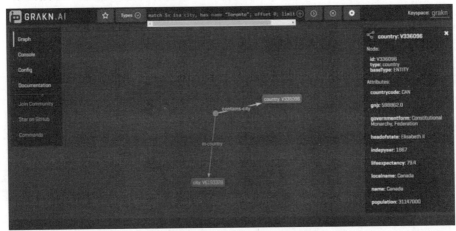

图 7-6　展开城市节点以便查看国家

现在，双击国家，将返回该国家的所有城市和语言(见图 7-7)。

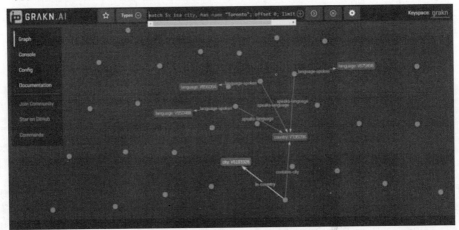

图 7-7　展开国家以便查看所有城市

7.2　使用 Cognitive Services Labs Project Anomaly Finder 检测异常

7.2.1　问题

从数据集检测异常会是一项挑战，因为有各种不同的方法和算法可用。如何才能使用 Cognitive Services(具体而言就是 Labs Project Anomaly Finder)来检测和预测数据集中的异常？

7.2.2　解决方案

异常就是与惯常数据趋势有偏离的点。异常值和偏离值可能仅仅是噪音，也可能是可以提供有价值信息的值，比如产品需求飙升、欺诈交易、安全漏洞，或者非常消耗 CPU/内存的应用。在 AIOps 领域，异常值非常有用，本方案将展示如何使用 Cognitive Services 检测这些异常值。

在这个解决方案中，我们将使用 Anomaly Finder API，它有助于监控随时间推移而变化的数据，以及在采用特定数据集时检测异常。如果使用时序数据作为输入，那么该 API 将返回数据点是否被检测为异常值，判定期望值，以及计算偏差。

7.2.3　运行机制

Project Anomaly Finder 是一个预先构建的 AI 服务，它不需要机器学习专家理解如何使用 RESTful API，这使得其部署极其简单且通用，因为它能处理任意时序数据并且还可以被构建到流式数据系统中。

接下来将深入讲解其前置条件以及如何开始使用它。

1. 前置条件

要完成这个任务需要一些前置条件，如下所示：

- 该示例是使用 Visual Studio 2017 为.NET Framework 而开发的。
- 在开始开发之前，我们必须订阅 Anomaly Finder API(见图 7-8)，它是 Microsoft Cognitive Services 的一部分。访问这个链接进行订阅：

```
https://labs.cognitive.microsoft.com/en-us/project-anomaly-finder
```

图 7-8　Anomaly Finder API

- 单击 Subscribe 按钮，使用我们的 Microsoft 账号进行登录以便订阅该 API(见图 7-9)，我们将找到免费的订阅密钥。

图 7-9　登录 Cognitive Services Labs

- 通过后面这个链接从 GitHub 将 Anomaly Detection 示例应用克隆到计算机：https://github.com/MicrosoftAnomalyDetection/csharp-sample。
- 在仓库名称下方，单击 Clone or download(见图 7-10)。

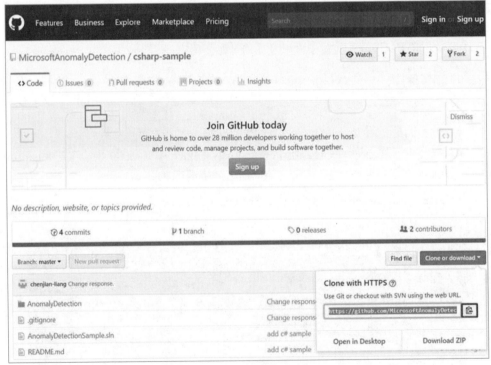

图 7-10　Microsoft Anomaly Detection GitHub 仓库

- 在 Clone with HTTPs 区域，单击以便克隆该仓库的 URL。

- 在电脑中打开 Git Bash。将当前工作目录修改为想要放置该克隆目录的位置。
- 输入以下命令：

```
git clone https://github.com/MicrosoftAnomalyDetection/
csharp-sample.git
```

- 现在，打开所克隆的目录(csharp-sample)。该文件夹结构将如图 7-11 所示。

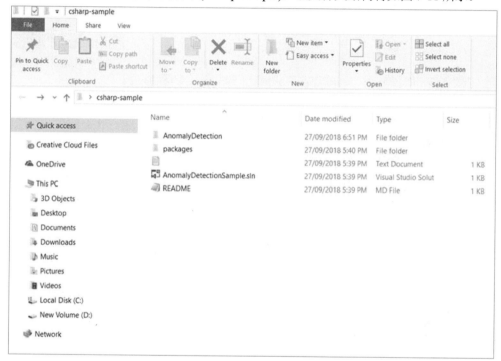

图 7-11　本地硬盘上所克隆项目的目录结构

- 这里是所克隆目录(csharp-sample)中文件的描述：
  - AnomalyDetection 文件夹包含与构建任务有关的文件。
  - Packages 文件夹包含这个应用中所使用的包的详情。
  - 没有名称的文本文档文件是一个gitignore文件，它是由Microsoft Visual Studio 自动创建的。
  - AnomalyDetectionSample.sln 文件将用于以样本数据构建和运行 Anomaly Detection 应用。
  - README.md 文件包含这个项目的安装和运行说明。
- 用Visual Studio 2017打开所克隆的目录(csharp-sample)中的AnomalyDetectionSample.sln；其代码如图7-12所示。

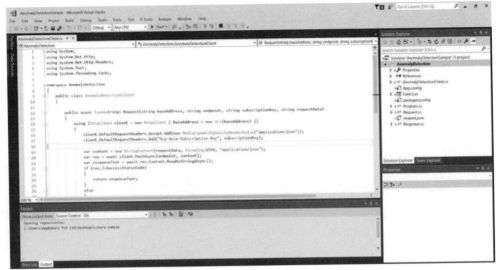

图 7-12　Visual Studio 2017 中的 Anomaly Detection Sample 项目

- 按下 Ctrl+Shift+B 快捷键，将开始构建该项目。构建完成之后，其输出看起来应该如图 7-13 所示。

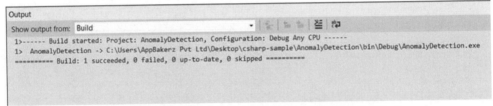

图 7-13　Visual Studio Output 面板中的项目构建成功消息

- 构建完成之后，按 F5 键运行代码。request.json 文件中提供了用于检测异常值的数据，该文件位于 AnomalyDetection 文件夹中。

- 运行成功之后，IDE 右侧将出现 Diagnostic Tools，并且将打开 Anomaly Detection 用户界面窗口，其中有一个标题为 Form1 的文本编辑框。

- 诊断工具将表明会话时长、进程所用的内存，以及 CPU 使用百分比(%)(见图 7-14)。

- 具有文本编辑框的 Anomaly Detection 用户界面窗口将根据请求显示具有响应的请求预览(见图 7-15)。

- 这里我们需要插入在 Anomaly Finder API 注册时获取的 API 密钥。

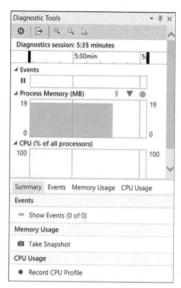

图 7-14　Visual Studio 2017 中的 Diagnostic Tools 面板

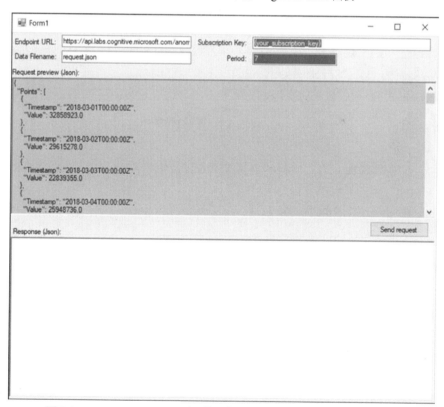

图 7-15　Anomaly Detection 项目的用户界面中所显示的 JSON 请求和响应

- 打开 Anomaly Finder API 链接，使用我们的凭据登录，并且从站点上复制任意一个密钥(见图 7-16)。

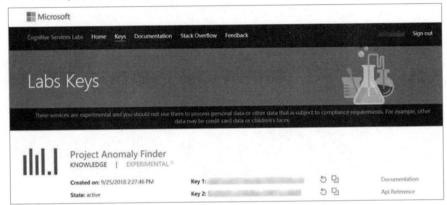

图 7-16　Anomaly Detection API 密钥

提示：

Key 1 和 Key 2 都可以使用。

- 现在，回到 Anomaly Detection 用户界面窗口并且将密钥粘贴到 Subscription Key 栏位中，然后单击 Send request 按钮(见图 7-17)。

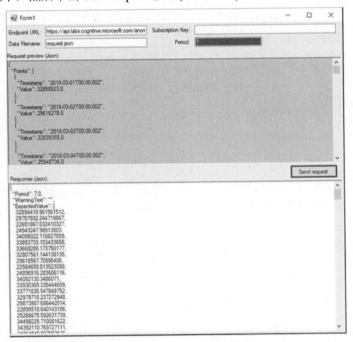

图 7-17　在 Anomaly Detection 用户界面窗口中粘贴 API Subscription Key

- 单击该按钮后，可以通过滚动 Response (Json)窗口来查看该窗口中的异常值。图 7-18 所示的拼接图显示了通过滚动 Response(Json)窗口所收集到的异常值。

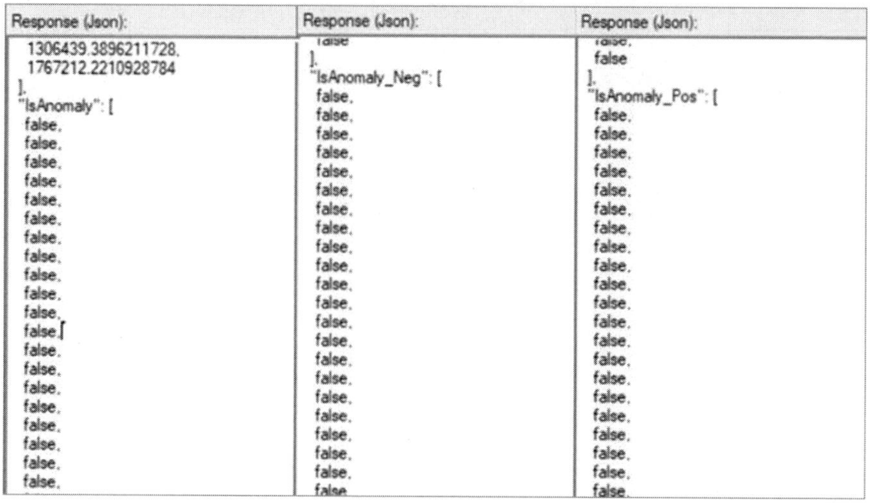

图 7-18　拼接图

- 要对自定义数据执行异常检测，需要将 request.json 文件替换成我们自己的数据，开始构建，并且按下 F5 键。在 Anomaly Detection 用户界面窗口的 Subscription Key 栏位中输入密钥，然后单击 Send 按钮。
- Cognitive Services 将接收到我们上传的数据并且使用它们来检测其中的所有异常数据点，然后在 Response(Json)窗口中显示响应。
- 如果数据是合格的，则会在 Response 区域中显示异常检测结果。如果出现错误，也会在 Response 区域中显示错误信息。

在本章的 AIOps 概述介绍中，我们探讨了可以使用 Cognitive Services 或者自定义构建的定制模型来轻易完成的各种不同案例。无论是决定使用像 Moogsoft、SmartOps 或 BigPanda 这样的商业化系统还是构建自己的系统，在运维工作中使用 AI 和机器学习都是不可避免的趋势，因而站在这一认知变革的最前沿必定是会有所收获的。

第 8 章

行业中的 AI 用例

在本书的最后一章中，我们想要展示 AI 的可行性，将其技术连接到现实用例和业务场景。在该章中我们将使用与本书其余部分相同的问题-解决方案的内容形式。不过，目前我们不会详细探讨可能的解决方案的实现细节。

8.1 金融服务

作为机器学习的早期使用者，银行和保险公司主要将 AI 解决方案用于信用和风险评估。不过，随着海量数据点和各种客户渠道的出现，AI 已经可以借由各种方式被应用于金融服务了。这里介绍一些用例。

8.2 手机诈骗检测

8.2.1 问题

由于银行客户使用其移动设备上的应用来操作其活期账户的交互正快速普及，因此手机端银行诈骗也呈现出上升趋势。钓鱼网站、电话诈骗以及短信诈骗都是最常见的诈骗方式，黑客试图让毫无戒备的客户泄露其个人信息，比如登录凭据、账户号码等，随后这些信息会用于对银行和/或客户进行诈骗。在检测到黑客行为或者上报黑客行为时，损失已经产生了，从而造成银行数百万美元的损失。

8.2.2 解决方案

为了有效创建一个机器学习模型来检测客户行为、登录位置或者资金转账中的异常值，每次移动渠道交互的所有遥测数据都必须流式传输并且存储到一个中央位置以供分析。图 8-1 显示了用于手机诈骗分析解决方案的云端环境的高层架构。

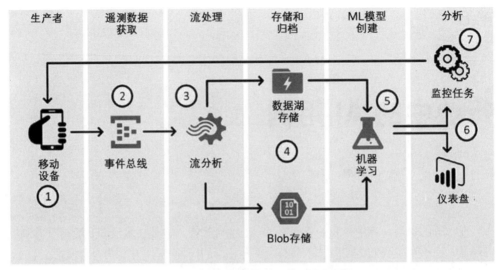

图 8-1　手机诈骗检测解决方案的高层架构

(1) 生成消息，其中包含与客户身份验证、交易、地理位置、操作等有关的信息。

(2) 所生成的消息会流经事件总线，它会根据主题或类别对消息进行分片。

(3) Stream Analytics(流分析)实例将信息从分片后的消息中提取出来。也可以在这一阶段将消息中的信息与来自其他流的数据聚合起来，这取决于报告和机器学习模型训练的需求。

(4) 数据被存储在数据湖中或者被归档到 Blob 存储中。

(5) 所存储/归档的数据被用于训练、测试和构建机器学习模型，并且模型会被发布以供使用。模型训练和发布可以使用许多不同的工具来完成，比如 Azure Machine Learning 或 TensorFlow。

(6) Power BI 仪表盘会使用机器学习模型为终端用户提供预测分析。

(7) 自动化监控任务会实时持续追踪用户操作，如果检测到任何异常，这些任务就会向受影响的用户发送告警或通知。

8.3　在途资金优化

8.3.1　问题

银行赚钱的其中一种方式就是向个人和企业提供短期和长期贷款。银行所持有的现金量决定了可供贷出的金额。不过，银行还必须在其分布在各个地点的 ATM 机器中存放适量的现金。存放在 ATM 中的未提取现金无法被挪作他用，并且会对银行在途资金或者可贷款金额产生负面影响。

8.3.2　解决方案

　　针对此问题，我发现了一个由 Capax Global(https://www.capaxglobal.com)所开发的解决方案。为了让银行能够增加其在途资金，从而提升其贷款能力，银行需要精确测量每个放置 ATM 的位置到底需要存放多少现金。银行可以采集来自所有 ATM 位置的历史取现时序数据，并且应用机器学习模型来预测一台 ATM 在一周的任意一天需要提供多少现金。这样银行只要在每台 ATM 中存放所需的现金量即可，而不必预留额外的现金，这些现金可用于客户贷款并且产生利润。

8.4　事故倾向性预测(保险)

8.4.1　问题

　　汽车保险公司通常会基于若干因素进行报价，这些因素包括日常通勤路线、驾驶记录、车辆总体情况、地理位置等。在收到事故索赔之前，基本上没有办法能够跟踪司机或者车辆操作人员的惯常驾驶习惯。保险公司希望能够每天跟踪投保资产的使用情况，以便在索赔申请提出之前精确预测索赔，从而让保险公司能够提供受理该索赔所需的资金。

8.4.2　解决方案

　　上述问题的解决方案与本章稍后将在 8.8 节"汽车工业和制造业"中探讨的基于 IoT 的 AI 内容有所重叠，并且该方案需要来自车辆的流式遥测信息，其中包括交通规则遵守情况和车速限制、车辆的过度使用情况、危险驾驶行为等。车辆中的 IoT 设备可以将数据传送到中央数据存储以便训练 AI 模型，随后该模型就可以在事故索赔产生之前预测司机或者车辆的事故倾向性。

8.5　医疗健康

　　医疗健康 AI 解决方案极其依赖来自病床侧或者护理点外围设备的近实时流式病人数据，这些数据会与病人历史数据合并以便创建和持续更新机器学习模型或者精确预测病人就医结果。

就像其他领域一样，医疗健康行业也一直面临从不同的分散的源处收集、聚合、存储和处理数据的挑战。诸如 Microsoft Azure 的公有云已经能够应对这些挑战了，不过通常需要结合内部部署或者私有云。

图 8-2 提供了一份高层次概览，阐释了如何使用 Microsoft Azure 服务来生成、获取后续供 AI 使用的数据。

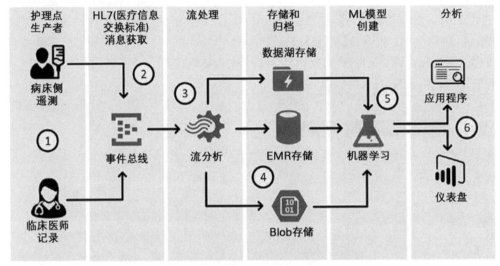

图 8-2　医疗健康分析解决方案的高层架构

(1) 所生成的消息是 HL7 格式的，这些消息来自病床侧外围设备以及临床医师或护理人员用于记录病人护理信息的移动设备或平板电脑。

(2) 消息会流经事件总线，它会根据主题或类别进行消息分片。

(3) Stream Analytics(流分析)实例使用 HL7QL(HL7 查询语言)将信息从分片后的消息提取出来。也可以在这一阶段将消息中的信息与来自其他流的数据聚合起来，这取决于报告和机器学习模型训练的需求。

(4)数据被存储在数据湖中或者被归档到 Blob 存储中，并且还要根据需要更新病人的电子医疗记录(Electronic Medical Record，EMR)。

(5) 所存储/归档的数据被用于训练、测试和构建机器学习模型，并且模型会被发布以供使用。模型训练和发布可以使用许多不同的工具来完成，比如 Azure Machine Learning 或 TensorFlow。

(6) 应用程序或 Power BI 仪表盘会使用机器学习模型向终端用户提供预测分析。

8.6　精确诊断和病患治疗结果预测

8.6.1　问题

即使有了不断增加的数据点和可供使用的历史诊疗数据，医生还是需要依赖传统的方法来提供诊疗，而据某些报告，这样的诊疗方法的出错概率是 1/10。此外，一次错误或者延误的诊疗通常会导致法律纠纷并且会让人失去信任，从而对医院声誉造成负面影响。

8.6.2　解决方案

使用预测分析来强化医生在诊断病人病情时的思考过程将极大地减少并且可能完全避免误诊。使用在一段较长的时间收集到的数据来持续更新所生成的用于诊断的机器学习模型，并且结合具有一定人口基数(所服务的总人口)的健康数据，也可以显著提升入院患者的结果预测。

8.7　医院再入院预测和预防

8.7.1　问题

尽管平价医疗法案(Affordable Care Act)的未来可期，但是当之前出院的病人在一定时期内应为同一疾病再次入院时，医疗费用支付者和诊疗服务提供者就都会受到负面影响。医疗费用支付者(医疗保险公司)必须为之前为病人提供过的相同诊疗支付后续费用，而诊疗服务提供者(医院)的声誉也会受到影响，并且其治疗水平也会由于每一个再入院案例而广受质疑。

8.7.2　解决方案

上述问题的解决方案需要生成机器学习模型，并且要基于收集到的之前的再入院数据以及在治疗期间收集到的病人数据来生成。当模型最终完成并且能够精确预测病人治疗结果以及再入院的概率时，临床医师就能够被尽早提醒，以便让其在让病人出院之前可以调整或者开具正确的治疗药物和/或治疗方案。

8.8　汽车工业和制造业

汽车工业和制造业领域中的 AI 用例主要围绕使用实时设备遥测数据进行分析以及预测要对汽车、机械或设备进行的维护。

几乎所有 IoT 用例中的解决方案都涉及从大量 IoT 设备获取以消息形式存在的传感器数据，存储特定时长的数据以便生成预测模型，以及最终通过所生成的 ML 模型提供分析。

图 8-3 提供了 Azure 云中基于 IoT 传感器数据的一个 AI 解决方案的高层逻辑图。

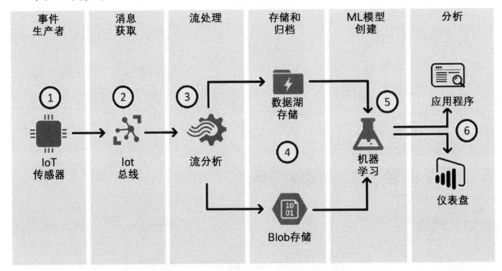

图 8-3　IoT 分析解决方案的高层架构

以下是该逻辑流的说明：

(1) 附加到汽车或一台工业设备上的 IoT 传感器将生成遥测数据。

(2) 来自 IoT 传感器的遥测数据会被 IoT 总线作为消息接收，该总线会将数据传递到一个或多个消费分组，每一个分组都代表着一组数据流的消费者。

(3) Azure Stream Analytics 实例会从其消费分组中接收流式数据并且会将一组预先定义的操作或计算应用于这些流式数据。

(4) 所产生的数据会被存储在数据湖存储中或者被归档到 Blob 存储中。

(5) 所存储/归档的数据被用于训练、测试和构建机器学习模型，并且模型会被发布以供使用。模型训练和发布可以使用许多不同的工具来完成，例如 Azure Machine Learning 或 TensorFlow。

(6) 应用程序或 Power BI 仪表盘会使用机器学习模型向终端用户提供预测分析。

上述步骤只应用作 IoT 驱动的 AI 解决方案的通用描述，并且需要根据业务需求对其进行修改。也可以在 Microsoft Azure IoT Solution Accelerators 站点上找到 IoT 用例的一些额外示例：https://www.azureiotsolutions.com/Accelerators。

接下来介绍可以使用刚才所概述的逻辑架构来实现的一些汽车行业和工业用例。

8.9　预测式维护

8.9.1　问题

在工业单位中定期检查大型机械是为了识别问题或损坏，以防止它们引发生产问题，从而造成整个单位或工厂的停工。同样的看护也适用于对客运和货运飞机的持续监控，在飞行了特定小时数之后，它们都需要进行详细检查。手动检查费时费力，并且在进行检查时有可能让机械或飞机无法使用。还有，手动检查并不能完全防止错误出现。一个例子就是 2018 年 4 月美国西南航空公司航班 1380 的引擎故障，据报告称是由于检查员无法看到发动机叶片过度损耗的部位造成的，从而形成了未注意到且未能上报的物理损坏，引发了空中灾难。

8.9.2　解决方案

安装在机械或飞机内部的 IoT 传感器会监控和报告每一个受监控单元的状况，并且将这些信息上传到中央存储以供分析和 AI 模型创建。将这些聚合数据与历史维护数据结合起来之后，就可以构造机器学习或 AI 模型来预测何时需要进行维护，因而也就能让维修人员清楚何时应该进行维护保养。

8.10　零售业

在线零售商一直以来都在使用 AI 根据购物者之前的购物历史和兴趣爱好来向购物者推荐产品或定制在线体验。不过，传统实体零售店领域中的 AI 使用也正在快速落地。后面两节提供了传统零售场景中使用人工智能的两个用例。

8.11　个性化零售实体店体验

8.11.1　问题

过去十几年中，购物者一直在从传统的零售店成群结队地转向在线电子商务网站。随着时间的推移，传统零售商、杂货店以及仓储式会员商店越发发现它们难以维系足够大的顾客基数以及留住顾客，因为大多数顾客都会由于在线购物所提供的便利性和定制化体验而选择线上购物。

8.11.2　解决方案

随着传统实体零售店和在线购物站点之间的竞争越来越激烈，零售企业希望引入技术和新的体验将顾客拉回到实体店中。

为了让每个购物者都能得到定制化体验，并且不必存储关于每个购物者和/或会员的大量信息，杂货店或者仓储式会员商店可以使用人脸识别在购物者本人进入商店时对其进行识别以便提供个性化的体验，使用基于货架的检测器基于该购物者之前的购买模式来展示推荐品牌或者附属产品。

图 8-4 展示了其时序图，并且其中的说明描述了为个体购物者提供个性化体验的典型流程。

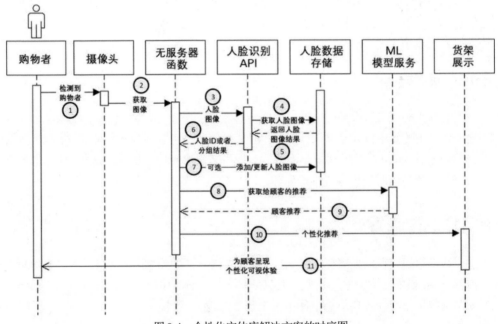

图 8-4　个性化实体店解决方案的时序图

(1) 当购物者步入商店中的某个过道或者区域时，对其进行检测，并且捕获人脸图像。

(2) 所获取的图像会被传递到一个无服务器函数。

(3) 该无服务器函数使用所获取的图像对人脸识别 API 进行调用。

(4) 该人脸识别 API 查询后台的人脸图像存储来获取购物者的资料。

(5) 从人脸图像存储中返回基于人脸图像生成的购物者资料。

(6) 人脸识别 API 将人脸识别或分组结果返回给调用函数。

(7) 如果资料不存在，则意味着该购物者首次到访该商店或者该区域，那么会在人脸图像存储中存储或者更新该人脸资料。

(8) 基于人脸资料，从机器学习模型或者推荐引擎中请求推荐信息。

(9) 将自定义推荐返回给调用函数。

(10) 将来自模型的推荐传递到挂接在货架上的展示器以便将推荐呈现给购物者。

(11) 为购物者渲染和呈现所推荐产品的生动图形化展示。

8.12　快餐式汽车餐厅自动化问题

8.12.1　问题

快餐店已经引入了用于预订和触摸式订餐终端的移动应用，以便在将更多流量导向由于服务质量和速度而更高效的取餐地点的同时，为顾客提供更加快速的服务。不过，许多快餐店或其分店都在力求为驾车取餐的顾客提供高效服务，尤其是在早餐和中餐用餐高峰时间段，因为较长的订餐等待时间会让顾客流失。

8.12.2　解决方案

为了确保能够及时为驾车取餐顾客提供服务，可以应用 AI 来有效缩短驾车取餐通道的惯常等待时间，这是通过关注驾车订餐处理的以下三个阶段所耗费的时间来实现的：

a) 等待订餐时长：顾客到达驾车取餐通道与其可以开始使用订餐话筒之间的时长。

b) 订餐时长：使用话筒进行订餐所花费的时间。

c) 取餐时长：从驾车取餐窗口取餐所花的时间。

通过减少 b)和 c)的时长，a)就会显著降低甚至缩短为零。我们来看看图 8-5 中的时序图及其说明，以便理解该解决方案。为了节约空间，这里仅使用单个泳道/生命线来表示所有的认知服务，比如 Vision(视觉)、Face(人脸)、Speech(语音)等，而不是为每个 API 创建单个生命线。

(1) 顾客到达快餐式汽车餐厅，检测到车辆，并且捕获到司机和车牌的图像。

(2) 所获取的图像被传递到无服务器函数。

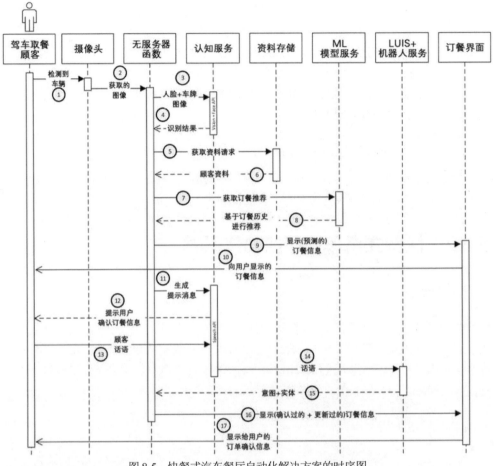

图 8-5 快餐式汽车餐厅自动化解决方案的时序图

(3) 该无服务器函数使用获取的图像调用视觉和人脸识别 API。

(4) 视觉和人脸识别 API 将识别结果返回给调用函数。

(5) 基于识别结果，对顾客资料存储或数据库执行资料请求。

(6) 资料存储将识别出的顾客资料返回给调用函数。

(7) 对于所返回的资料，将请求机器学习模型或推荐引擎进行推荐。

(8) 将基于之前订餐历史的预测订单返回给调用函数。

(9) 当顾客驾车来到订餐显示器和话筒旁时，该函数会执行调用以便将预测的订餐信息呈现在显示屏上。

(10) 所预测的订餐信息会显示给驾车取餐顾客。

(11) 该函数还会请求语音 API 以便向顾客播放一段自定义消息。

(12) 向顾客播放语音消息提示订餐确认。

(13) 顾客表述其意图以便口头(使用语音)确认其订单。

(14) 这段话语会被传递到 Bot Service LUIS 端点。

(15) 将从话语中提取出的意图和实体返回给该无服务器函数。

(16) 如果判定了确认意图，该函数就会执行调用以便向用户显示订单确认信息。

(17) 显示该订单确认信息(也可以使用文本转语音能力通过声音向顾客确认)。

8.13　结语

在之前的章节中，我们试图揭示如何开发简单的 AI 解决方案来处理常见的业务问题。其目的在于识别出解决方案的个体组件和总体流程以及自行开发该解决方案的概要步骤。希望大家在理解了一个典型 AI 解决方案的构造块之后，可以轻易地将这些知识应用到另一个业务场景中。

为了让企业技术解决方案取得成功，三个 P 的管理是至关重要的：人(people)、流程(process)、平台(platform)。在本章所探讨的用例中，大家可能会注意到一个重复持续出现的主题，那就是要将机器学习和/或 AI 当作一个黑盒或者泳道，也就是说，除了构建神经网络或者机器学习模型的算法之外，认知型或者智能应用程序在组件和平台方面都是彼此非常类似的。每一个用例实现的区别在于为机器学习所收集的数据、用于训练 AI 的算法，以及从 AI 解决方案中获得价值的用户角色。

在着手开发我们自己的智能应用时，要尝试避免受到算法、框架、技术术语以及期望无所不知的想法的困扰。AI 很简单；将解决方案的所有组件集成在一起并且获取所有适合的数据才是最难的部分。

希望大家的 AI 之路都能走得顺利。

附录 A

公共数据集&深度学习模型仓库

"数据是新时代的石油"这句话不知道是谁最早说出来的，不过它大体反映了实际情况。在如今的 AI 和机器学习领域中，各个学科的研究者和从业者都离不开数据。网络上的各个仓库让人们可以轻易获取大量的数据集。下面将简要列出一些最流行的数据集和搜索引擎；虽然它们远谈不上完美，但这份清单可以让我们窥见有哪些数据源可用，从而构建我们自己的数据源。

A.1 数据集查找器

A.1.1 Google Data Search

```
https://toolbox.google.com/datasetsearch
```

Google Dataset Search 最近刚刚发布，它可以让用户找到无论托管在何处的数据集，这些托管位置无论是发布者的站点、数字化图书馆，还是作者的个人网页，都可以被搜索到。Google Public Data Explorer 提供了范围涵盖各个国际化组织和学术机构的公共数据和预测，其中包括 World Bank、OECD、Eurostat 和丹佛大学。

A.1.2 Kaggle

```
https://www.kaggle.com/
```

Kaggle 是最流行的数据科学网站之一，它包含各种外部贡献的有意思的数据集。

A.1.3 UCI 机器学习仓库

```
http://mlr.cs.umass.edu/ml/
```

在网上各个最古老的数据集源中，查找有意思数据集的绝佳第一站就是 UC Irvine，它目前维护着 22 个数据集，并且将其作为服务提供给机器学习社区。

A.2　流行的数据集

A.2.1　MNIST

`http://yann.lecun.com/exdb/mnist/`

MNIST 是最流行的数据集之一，它由 Yann LeCun 和一位 Microsoft & Google Labs 研究者发布。MNIST 的手写数字数据库拥有 60 000 个样本的训练集和 10 000 个样本的测试集。

大小：约 50 MB

记录数量：十个类别总共包含 70 000 张图片

A.2.2　MS-COCO

`http://cocodataset.org/#home`

COCO 是一个大型数据集，并且富含对象检测、分割和说明。它具有几个特征：

- 对象分割
- 在上下文中进行识别
- 超像素物品分割
- 33 万张图像(已标记超过 20 万张)
- 150 万个对象实例
- 80 个对象类别
- 91 个物品类别
- 每张图像 5 个说明
- 250 000 张具有关键点的人的图像

大小：约 25 GB(压缩后)

A.2.3　ImageNet

`http://image-net.org`

ImageNet 是一个图片数据集，它根据 WordNet 层次结构来组织。WordNet 包含大约 100 000 个短句，而 ImageNet 为每个短句平均提供大约 1000 张图片来对其进行描绘。

大小：约 150 GB

图片总数：约 1 500 000 张，每一张都具有多个边框和对应的类别标签

A.2.4　Open Images 数据集

`https://github.com/openimages/dataset`

Open Images 是一个包含约 900 万个图片 URL 的数据集。这些图片已经被图片级别标签和涵盖数千个类别的边框所标记。该数据集包含 9 011 219 张图片的训练集、41 260 张图片的验证集，以及 125 436 张图片的测试集。

大小：500 GB(压缩后)

记录数量：具有超过 5000 个标签的 9 011 219 张图片

A.2.5　VisualQA

`http://visualqa.org`

VQA 是一个包含关于图片的开放式问题的数据集。这些问题需要从视觉和语言上进行理解。这个数据集的其中一些相关特征如下：

- 265 016 张图片(COCO 和抽象场景)
- 每张图片至少 3 个问题(平均每张图片 5.4 个问题)
- 每个问题 10 个真实答案
- 每个问题 3 个似是而非(可能不正确)的答案
- 自动评测指标
  大小：25 GB(压缩后)

A.2.6　Street View House Numbers(Google 街景门牌号图片，SVHN)

`http://ufldl.stanford.edu/housenumbers/`

这是一个用于开发对象检测算法的真实图片数据集。这类算法需要极少的数据预处理。该数据集类似于之前提到的 MNIST 数据集，不过它具有更多的标注数据(超过 600 000 张图片)。其数据收集自 Google 街景中出现的门牌号。

大小：2.5 GB

记录数量：10 个类别中总共 630 420 张图片

A.2.7　CIFAR-10

`https://www.cs.toronto.edu/~kriz/cifar.html`

这个数据集也用于图片分类。它由 10 个类别总计 60 000 张图片构成(每个类别都被表示为图片上方的一行文字)。总的来说，其中包含 50 000 张训练图片和 10 000 张测试图片。该数据集被划分成 6 个部分——5 个训练图片组和 1 个测试图片组。每一组都有 10 000 张图片。

大小：170 MB

记录数量：10 个类别中总共 60 000 张图片

A.2.8　Fashion-MNIST

https://github.com/zalandoresearch/fashion-mnist

Fashion-MNIST 由 60 000 张训练图片和 10 000 张测试图片构成。它是一个类似于 MNIST 风格的产品数据库。开发人员认为 MNIST 已经过时了，因此他们创建这个数据库作为 MNIST 的替代。每张图片都是灰度的，并且都有来自 10 个类别之一的标签关联。

大小：30 MB

记录数量：10 个类别中总共 70 000 张图片

A.2.9　IMDB Reviews

http://ai.stanford.edu/~amaas/data/sentiment/

这是一名电影爱好者梦寐以求的数据集。它旨在用于二元情绪分类，并且其数据量远远大于这一领域中的之前任何一个数据集。除了训练和测试评论样本之外，其中也有还未标注的数据可供使用。其中还包括原始文本和预处理过的词包格式数据。

大小：80 MB

记录数量：25 000 条用于训练的立场极为鲜明的电影评论以及 25 000 条用于测试的评论

A.2.10　Sentiment140

http://help.sentiment140.com/for-students

Sentiment140 是一个可用于情绪分析的数据集。它是一个广受欢迎的数据集，非常适合用于 NLP 入门学习。情绪信息已经从数据中预先移除了。最终的数据集具有以下 6 个特征：

- 推文的立场
- 推文的 ID
- 推文的日期
- 查询
- 发推人的用户名
- 推文文本

大小：80 MB(压缩后)

记录数量：160 000 条推文

A.2.11 WordNet

`https://wordnet.princeton.edu/`

之前在 ImageNet 数据集中提到过，WordNet 是一个英语同义词集的大型数据库。同义词集就是同义词的分组，每个分组都描述了不同的概念。WordNet 的结构使得它成为 NLP 的一款非常有用的工具。

大小：10 MB

记录数量：通过少量"概念关系"连接到其他同义词集的 117 000 个同义词集

A.2.12 Yelp 评论

`https://www.yelp.com/dataset`

这是 Yelp 发布的用于学习目的的开放数据集。它由数百万条用户评论、业务属性，以及超过 200 000 张多个大都市区域的图片构成。这是一个全球各地都频繁用来应对 NLP 挑战的数据集。

大小：2.66 GB JSON、2.9 GB SQL 以及 7.5 GB 照片(全部都经过了压缩)

记录数量：5 200 000 条评论、174 000 条业务属性、200 000 张图片以及 11 个大都市区域

A.2.13 维基百科语料库

`http://nlp.cs.nyu.edu/wikipedia-data/`

这个数据集是维基百科的一个完整文本集合。它包含来自超过 400 万篇文章的约 19 亿个单词。使得它成为一个强大的 NLP 数据集的原因在于，我们可以通过单词、短句或者段落本身的一部分进行搜索。

大小：20 MB

记录条数：包含 19 亿个单词的 4 400 000 篇文章

A.2.14 EMNIST

`https://www.westernsydney.edu.au/bens/home/reproducible_research/emnist`

扩展式 MNIST(EMNIST)是 NIST 数据集的一个变体，它是 MNIST 的扩充，包含了手写字母。这个数据集旨在用作现有神经网络和系统训练样本的更高级替代项。该数据

集包含几个不同的部分，主要专注于数字、小写或大写英文字母。

A.2.15 CLEVR

```
http://cs.stanford.edu/people/jcjohns/clevr/
```

这个用于组合式语言与初级可视化推理的诊断数据集(http://vision.stanford.edu/pdf/johnson2017cvpr.pdf)实质上是用于测试一系列可视化推理能力的诊断数据集。这个数据集是由斯坦福大学的李飞飞主导开发的，该数据集旨在让机器学习开发领域的研究人员能够感知和看到整个开发过程中的缺陷。

记录条数：包含 70 000 张图片和 699 989 个问题的训练集，包含 15 000 张图片和 149 991 个问题的验证集，以及包含 15 000 张图片和 14 988 个问题的测试集

A.2.16 JFLEG

```
https://arxiv.org/pdf/1702.04066.pdf
```

这个新的语料库是"用于语法纠错的流畅语料库和基准"，开发它的目的在于评估语法纠错(GEC)。

A.2.17 STL-10 数据集

```
http://cs.stanford.edu/~acoates/stl10/
```

这是一个图片识别数据集，它受到了 CIFAR-10 数据集(https://www.cs.toronto.edu/~kriz/cifar.html)的启发，并且具有一些改进点。这个数据集的语料库包含 100 000 张未标记图片和 500 张训练图片，它最适合用于开发无监督特征学习、深度学习，以及自主学习算法。

A.2.18 Uber 2B 行程数据集

```
https://www.kaggle.com/fivethirtyeight/uber-pickups-in-new-york-city
https://github.com/fivethirtyeight/uber-tlc-foil-response
```

这个仓库包含从 2014 年 4 月到 2014 年 9 月纽约市超过 450 万条 Uber 行程的数据，以及从 2015 年 1 月到 6 月的超过 1430 万条 Uber 行程数据。

A.2.19 Maluuba NewsQA 数据集

```
https://github.com/Maluuba/newsqa
```

Microsoft 所拥有的 AI 研究公司收集整理了一个众包机器阅读数据集用于开发算法，这些算法要能够回答需要人类水平理解力和推理技能才能回答的问题。这个 CNN 新闻报道数据集具有超过 100 000 个问答对。

A.2.20   YouTube 8M 数据集

```
https://research.google.com/youtube8m/download.html
```

这是可供使用的最大的一个数据集，它包含庞大的 800 万个 YouTube 视频，并且每个视频都具有对视频中对象的标记。YouTube 8M 是在 Google 的共同协作下开发完成的，它是一个大型标注视频数据集，旨在推动对于视频理解、噪音数据建模、迁移学习和视频领域适用方法的研究。

A.2.21   SQuAD—斯坦福问答数据集

```
https://stanford-qa.com/
```

斯坦福问答数据集(Stanford Question-Answering Dataset，SQuAD)是一个新的阅读理解数据集，它由众包工作者就一组维基百科文章所提出的超过 100 000 个问题所构成，其中每个问题的答案都是来自对应阅读文章的一段文本。我们分析该数据集以便理解回答这些问题所需的推理类型，这极其依赖依存树和短语结构树。我们构建了一个强有力的逻辑回归模型，它能达成 51%的 F1 分数，这是对简单基准(20%)的显著提升。不过，人类的表现(86.8%)更高，这表明该数据集为未来的研究提出了一个很好的具有挑战性的问题。

A.2.22   CoQA——一个对话式问答挑战

```
https://stanfordnlp.github.io/coqa/
```

CoQA 是一个用于构建对话式问答系统的大型数据集。CoQA 挑战的目标是，测量机器理解一段文本以及回答出现在对话中的一系列相互关联的问题的能力。

A.2.23   CNN/Daily Mail 数据集—DeepMind 问答数据集

```
https://cs.nyu.edu/~kcho/DMQA/
```

CNN：这个数据集包含来自 CNN 新闻报道的文档和附属问题。其中有大约 90 000 篇文档和 380 000 个问题。

DailyMail：这个数据集包含来自每日邮报新闻报道的文档和附属问题。其中有大约

197 000 篇文档和 879 000 个问题。

斯坦福大学的 Abigail See 提供了获取 CNN/Daily Mail 数据集(非匿名化)摘要的代码：https://github.com/abisee/cnn-dailymail。

A.2.24　Data.gov

```
https://www.data.gov/
```

来自多个美国政府机构的数据，其范围涵盖了从政府预算到学校考评分数的数据。

A.2.25　其他数据集

食品环境地图集：https://catalog.data.gov/dataset/food-environment-atlas-f4a22

学校系统财务数据：https://catalog.data.gov/dataset/annual-survey-of-school-system-finances

慢性病数据：https://catalog.data.gov/dataset/u-s-chronic-disease-indicators-cdi-e50c9

美国国家教育统计中心：https://nces.ed.gov/

英国数据中心：https://www.wkdataservice.ac.uk/

数据美国：http://datausa.io/

Quandl-经济和金融数据：https://www.quandl.com/

世界银行公开数据：https://data.worldbank.org/

国际货币基金组织关于国际金融的数据：https://www.imf.org/en/Data

英国金融时报市场数据：https://markets.ft.com/data/

谷歌趋势服务(Google Trends)：http://www.google.com/trends?q=google&ctab=0&geo=all&date=all&sort=0

Labelme：http://labelme.csail.mit.edu/Release3.0/browserTools/php/dataset.php

LSUN——许多辅助性任务的场景理解(房间布局评估、显著性预测等)：http://lsun.cs.princeton.edu/2016/

COIL100——对 100 个不同对象从 360°的每一个角度拍照的图片：http://www1.cs.columbia.edu/CAVE/software/softlib/coil-100.php

Visual Genome——约 100 000 张图片的具有说明文字的可视化知识库：http://visualgenome.org/

户外随机标记的人脸——13 000 张标记过的人脸图片：http://vis-www.cs.umass.edu/lfw/

斯坦福犬类数据集——包含 20 580 张图片和 120 个不同犬种类别：http://vision.stanford.edu/aditya86/ImageNetDogs/

室内场景识别——67 种室内场景类别和总共 15 620 张图片: http://web.mit.edu/torralba/www/indoor.html

多领域情绪分析数据集——其特点是包含了来自 Amazon 的产品评论: http://www.cs.jhu.edu/~mdredze/datasets/sentiment/

斯坦福情绪语义树——具有情绪标注的标准情绪数据集: http://nlp.stanford.edu/sentiment/code.html

Twitter 美国航空公司情绪语料库: https://www.kaggle.com/crowdflower/twitter-airline-sentiment

Amazon 评论: Amazon 过去 18 年中的 3500 万条评论: https://snap.stanford.edu/data/web-Amazon.html

Google Books Ngrams——Google 图书的单词集合: https://aws.amazon.com/datasets/google-books-ngrams/

维基百科链接数据——维基百科的完整文本。该数据集包含 400 多万篇文章中的大约 19 亿个单词。可以通过单词、短句或者段落部分本身进行搜索: https://code.google.com/p/wiki-links/downloads/list

Gutenberg 电子书列表——Gutenberg 项目的电子书已标记列表: http://www.gutenberg.org/wiki/Gutenberg:Offline_Catalogs

Jeopardy——来自问答比赛节目 Jeopardy 的超过 200 000 个问题的存档: http://www.reddit.com/r/datasets/comments/1uyd0t/200000_jeopardy_questions_in_a_json_file/

英文垃圾 SMS 集合——由 5574 条英文 SMS 垃圾消息构成的数据集: http://www.dt.fee.unicamp.br/~tiago/smsspamcollection/

Yelp 评论——Yelp 发布的一个开放数据集,包含超过 500 万条评论: https://www.yelp.com/dataset

UCI 的垃圾邮件库——一个大型垃圾邮件数据集,可用于垃圾邮件过滤: https://archive.ics.uci.edu/ml/datasets/Spambase

Berkeley DeepDrive BDD100k——超过 1100 小时的 100 000 个驾驶体验视频: http://bdd- data.berkeley.edu/

百度 Apolloscapes——26 个不同的语义项,比如汽车、自行车、行人、建筑、路灯等: http://apolloscape.auto/

Comma.ai——超过 7 小时的高速驾驶数据,其中包括车速、加速度、方向盘转向度和 GPS: https://archive.org/details/commadataset

牛津的自动驾驶汽车——在英国牛津同一条路线重复 100 多次的行驶: http://robotcar-dataset.robots.ox.ac.uk/

A.3　深度学习模型

A.3.1　BVLC Model Zoo

```
https://github.com/BVLC/caffe/wiki/Model-Zoo
```

A.3.2　Model Depot——给工程师使用的开放透明的机器学习

发现和共享每一个问题、项目或应用的经过预先训练的合适机器学习模型：https://modeldepot.io。

A.3.3　Azure AI Gallery

```
https://gallery.azure.ai
```

使日益增长的开发者社区和数据科学家能够在 Azure 上共享其分析解决方案。

A.3.4　使用 TensorFlow 构建的模型和示例

```
https://github.com/tensorflow/models
```

A.3.5　Open ML

```
https://www.openml.org
```

一个开放、协作、无障碍且自动化的机器学习环境。

OpenML 的数据集都是经过在线自动分析、标注和组织的；机器学习管道都是来自许多库的自动共享。OpenML 提供了大量的 API，以便将其集成到我们自己的工具和脚本中；其中有可轻易对比和重用的可重现结果(也就是模型和评估)；OpenML 具有利用现有工具进行实时协作的能力；还具有让我们的工作更加可视化、可重用并且可轻易引证的能力；它还提供了开源工具用于自动化实验和模型构建。